黑龙江省“十四五”职业教育规划教材

项目驱动型

游戏化教学法特色教材

网页设计与制作

主编　董锡臣　洪丽华　张琳琳

主审　王　莉

山东大学出版社

SHANDONG UNIVERSITY PRESS

图书在版编目(CIP)数据

网页设计与制作/董锡臣,洪丽华,张琳琳主编
.-- 济南:山东大学出版社,2023.12(2024.12 重印)
ISBN 978-7-5607-8068-9

Ⅰ.①网… Ⅱ.①董… ②洪… ③张… Ⅲ.①网页制作工具 Ⅳ.①TP393.092.2

中国国家版本馆 CIP 数据核字(2023)第 254565 号

责任编辑 刘 彤
封面设计 黄燕美

网页设计与制作
WANGYE SHEJI YU ZHIZUO

出版发行 山东大学出版社
社 址 山东省济南市山大南路 20 号
邮政编码 250100
发行热线 (0531)88363008
经 销 新华书店
印 刷 三河市龙大印装有限公司
规 格 720 毫米×1000 毫米 1/16
20 印张 487 千字
版 次 2023 年 12 月第 1 版
印 次 2024 年 12 月第 2 次印刷
定 价 59.90 元

Preface 前言

随着信息技术的飞速发展，网页开发技术被应用到众多领域，优秀的网页设计人才受到众多企业的欢迎。根据《国家职业教育改革实施方案》对人才培养的新要求，培养行业急需的技术技能人才成为高职教育的重要任务。党的二十大报告指出，教育、科技、人才是全面建设社会主义现代化国家的基础性、战略性支撑，明确了人才强国战略在新时代的科学内涵和使命任务，对加快世界重要人才中心和创新高地建设作出了科学擘画。

本书贯彻党的二十大精神，落实立德树人根本任务，从职业院校学生的认知特点出发，坚持教育与产业、课程内容与职业标准、教学过程与生产过程的深度对接。本书是一本新型特色教材。全书以项目引领，以学习任务驱动，融入编者最新的游戏化教学法研究成果，特色鲜明、内容新颖。本书适合作为高等职业院校“网页设计与制作”课程的教材，也可作为“1+X”Web前端开发职业技能等级证书考试的复习参考用书。

本书共分为9个项目，内容包括网页设计、HTML5常用标签、HTML5表单、HTML5新特性、CSS3基础、CSS3网页样式、CSS3盒模型、CSS3特效属性、网页布局。本书以实例为引导，把相关知识点与实例设计、制作、分析融为一体，并配备全部实例源码，能够有效地帮助学生理解网页设计的理论知识，系统全面地掌握网页开发技术。每个项目后附有相关习题，供学生在课后巩固所学知识。

本书推荐使用Visual Studio Code或HBuilder X进行网页代码编辑，书中对这些网页开发工具也进行了相应讲解。本书推荐在Chrome浏览器中调试运行案例代码。为方便教师备课，本书配套制作了电子课件、授课计划、教案、素材和源代码等教学资源，教师可联系编者进行获取。

本书由黑龙江旅游职业技术学院董锡臣、洪丽华和张琳琳担任主编，黑龙江旅游职业技术学院李明玉、门竺和哈尔滨云脉互联科技有限公司李光璞担任副主编，黑龙江旅游职业技术学院邵晓光和刘丽丽参与了编写工作。全书由黑龙江旅游职业技术学院王莉主审。

尽管我们在本书编写过程中不遗余力，但书中瑕疵之处在所难免，欢迎各界专家和读者朋友们给予宝贵的意见，我们将不胜感激！您在阅读本书时，如发现不妥之处，可以通过电子邮箱（dongxichen@126.com）联系编者，在此表示诚挚的感谢。

编　者

2023 年 10 月

Contents

目录

项目 1 网页设计

本项目首先对一些与网页设计相关的概念做必要的解释，使学生对网页设计与制作的基本原理有所了解，然后对网页设计的一些原则和方法做简单的介绍。本项目内容大多并不直接涉及具体操作，但是可以为学生学习后面的内容打下基础。因此，希望学生能够充分理解本项目所介绍的相关概念。本项目知识结构如下：

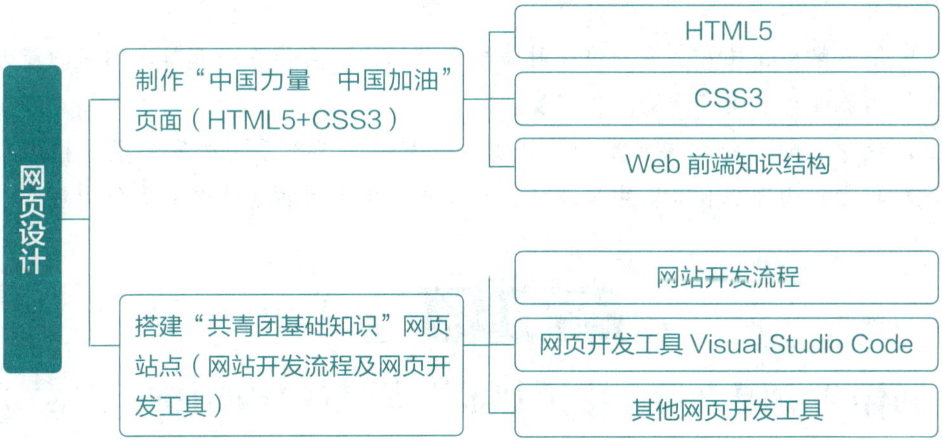

项目目标

知识目标

▶ 掌握Web前端知识结构。

▶ 掌握HTML版本特性。

▶ 掌握CSS层叠样式表的基本概念。

▶ 掌握网站设计的基本流程。

▶ 了解常用网页设计工具软件。

▶ 熟练掌握利用一种网页设计工具进行网页设计。

能力目标

▶ 掌握HTML文件结构的书写方法。

▶ 掌握CSS基础语法。

▶ 掌握网站设计的基本流程。

素质目标

▶ 使学生在实际项目活动中深入体验创新思维的实践和应用。

▶ 培育学生的责任感，使学生具有持之以恒、精益求精、勇于创新的“大国工匠”精神。

▶ 培养学生在技术上遇到难题时集思广益、团结合作、一起解决问题的能力。

▶ 培养学生认真严谨的工作态度。

▶ 使学生对行业发展有清晰的认识，了解中国操作系统的发展现状和未来。引导学生建立远大理想和爱国主义情怀，树立正确的世界观、人生观和价值观。

学习任务1

制作“中国力量　中国加油”页面（HTML5+CSS3）

任务要求

编写一个“中国力量　中国加油”页面，了解网页的基本结构和CSS样式。

任务分析

（1）编辑器的选择：可以使用任意的编辑器进行代码书写，推荐使用Visual Studio

Code 或 HBuilder X。

（2）HTML 代码主要分为网页头部和网页主体两个部分。先在网页主体部分输入基本的元素代码，再在网页头部书写 <style> 标签，按照 CSS 语法书写样式代码。

（3）CSS 代码以代码块的方式定义样式，在文件中逐一定义相关内容。

学习准备

相关知识点 1　HTML5

超文本标记语言（hyper text markup language，HTML）是一种用于创建网页的标准标记语言。可以使用 HTML 建立自己的 Web 站点。HTML 在浏览器上运行，由浏览器来解析。HTML 包括一系列标签，通过这些标签可以将网络上的文档格式统一，使分散的互联网资源成为一个逻辑整体。HTML5 是 HTML 的最新版本，是专门为承载丰富的 Web 内容而设计的，并且不需额外插件。HTML5 拥有新的语义、图形及多媒体元素，并且是跨平台的，被设计为可在不同类型的终端上运行。

当浏览器加载一个网页时，会为网页文档创建一个内部模型，其中包含 HTML 标记的所有元素。对 HTML 文件中的每个元素，浏览器会创建一个表示该元素的对象，并把所有元素的对象放在一个树型结构中。

一个 HTML 文件有自己固定的结构，如下所示：

```
<!DOCTYPE html>
<html lang="zh-cn">
    <head>
        <meta charset="utf-8"/>
        <title>Document</title>
    </head>
    <body>
    </body>
</html>
```

代码讲解：

1. <html>…</html> 称为根标签，所有的网页标签都在 <html>…</html> 中。

2. <head> 标签用于定义文档的头部，它是所有头部元素的容器。头部元素有 <title>、<style>、<link/>、<meta/> 等标签，头部标签在之后会进行详细介绍。

3. 在 <body>…</body> 标签之间的内容是网页的主要内容，如 <h1>、<p>、<a>、<img/> 等网页内容标签，标签中的内容会在浏览器中显示出来。

相关知识点 2　CSS3

串联样式表（cascading style sheets，CSS）是一种用来表现 HTML 或 XML 等文件样式的脚本语言。CSS 不仅可以动态地修饰网页，而且可以配合各种脚本语言动态地对网页元素进行格式化。CSS 可以将所有的样式声明统一存放，进行统一管理。这样 HTML 只需要负责文档对象模型（document object model，DOM）元素的结构，DOM 元素的样式交由 CSS 来管理，CSS 实现了结构和样式的完全分离。

CSS3 是最新的 CSS 技术标准。CSS3 被划分为多个模块，其中最重要的 CSS3 模块包括选择器、框模型、背景和边框、文本效果、2D/3D 转换、动画、多列布局、用户界面。相比之前版本，CSS3 添加了更丰富的选择器种类，为网页元素的选择提供了更灵活的方式；CSS3 还添加了更丰富的样式属性，如圆角边框、多背景图片、多栏文本、块级元素和文本阴影等，使原本需要外部图片才能实现的样式只需要添加属性声明就可以轻松实现，减少了不必要的标签嵌套及图片的使用数量，提高了网页的加载速度；CSS3 还增加了变形、过渡和动画属性，使原本需要大量 JavaScript 代码才能实现的特效可以轻松实现，使 Web 页面的展示更加形象，使 CSS 不再局限于简单的静态内容展示，而是通过简单的方法使页面元素“动”了起来，实现了元素从静到动的变化。

CSS 的基本语法结构如下：

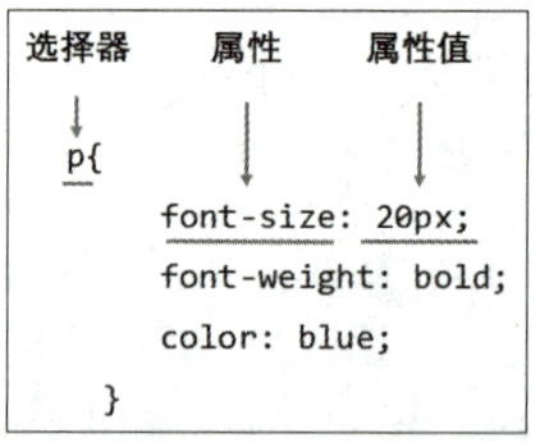

在 <style> 标签中定义需要的样式，代码如下：

```
<style type="text/css">
    样式
</style>
```

任务实施

按照任务要求编写 HTML 和 CSS 文件，本任务不要求完全理解代码，掌握代码书写和文件创建流程即可。

视频
制作“中国力量　中国加油”页面讲解

（1）HTML 文件参考代码：

```
<!DOCTYPE html>
<html>
    <head>
```

```
        <meta charset="utf-8"/>
        <title>中国力量 中国加油</title>
        <link rel="stylesheet" href="css/style.css"/>
    </head>
    <body>
        <div class="wrapper">
            <hr class="hr1">
            <div class="content">
                <p class="p1">中国力量 中国加油</p>
            </div>
            <hr class="hr1">
            <p class="p2">《网页设计与制作》课程师生 宣</p>
        </div>
    </body>
</html>
```

（2）CSS 文件参考代码：

```
@charset "utf-8";
*{
   margin:0;
   padding:0;
}
.wrapper{
    width: 100%;
    height: 300px;
    margin-top: 150px;
}
.hr1{
    border: 4px solid #1a0750;
    margin: 10px auto;
}
.content{
    width: 100%;
    height: 280px;
    line-height: 280px;
```

```
    background-color: red;
}
.p1{
    text-align: center;
    font-size: 100px;
    color: white;
}
.p2{
    font-size: 20px;
    color: black;
    text-align: right;
    margin-right: 40px;
}
```

（3）任务实现效果图：任务实现效果如图 1-1-1 所示。

图 1-1-1 “中国力量　中国加油”实现效果图

课外拓展

相关知识点　Web 前端知识结构

网页前端设计的三要素分别是 HTML、CSS、JavaScript。

（1）HTML 是网页内容的载体。内容就是网页制作者放在页面上想要让用户浏览的信息，可以包含文字、图片、视频等。

（2）CSS 样式是表现，就像网页的外衣，例如标题字体、颜色变化或为标题加入背景图片、边框等。所有这些用来改变内容外观的东西均称为表现。

（3）JavaScript 是用来实现网页上的特效的，例如鼠标指针悬停时弹出下拉菜单、鼠标指针滑过后表格的背景颜色改变以及焦点新闻（新闻图片）的轮换。可以这么理解，有动画或交互的一般都是用JavaScript来实现的。本书不讨论JavaScript的内容，学生可以通过互联网获取相关知识。

任务评价

<table>
<tr><td colspan="2">课程名称：网页设计与制作</td><td colspan="3">授课地点：</td></tr>
<tr><td colspan="2">学习任务1：制作“中国力量　中国加油”页面（HTML5+CSS3）</td><td>授课教师：</td><td colspan="2">授课学时：</td></tr>
<tr><td colspan="2">课程性质：理实一体课程</td><td colspan="3">综合评分：</td></tr>
<tr><td colspan="5">知识掌握情况评分（10分）</td></tr>
<tr><td>序号</td><td>知识考核点</td><td>教师评价</td><td>分数</td><td>得分</td></tr>
<tr><td>1</td><td>掌握HTML的基本结构</td><td></td><td>5</td><td></td></tr>
<tr><td>2</td><td>掌握CSS基本语法结构</td><td></td><td>5</td><td></td></tr>
<tr><td colspan="5">工作任务完成情况评分（60分）</td></tr>
<tr><td>序号</td><td>能力操作考核点</td><td>教师评价</td><td>分数</td><td>得分</td></tr>
<tr><td>1</td><td>项目完成质量</td><td></td><td>30</td><td></td></tr>
<tr><td>2</td><td>程序排错能力</td><td></td><td>10</td><td></td></tr>
<tr><td>3</td><td>与组员的团队配合精神、协调能力</td><td></td><td>10</td><td></td></tr>
<tr><td>4</td><td>精神面貌、专业自信、工匠精神、职业素养</td><td></td><td>10</td><td></td></tr>
<tr><td colspan="5">课堂表现情况评分（20分）</td></tr>
<tr><td>序号</td><td>课堂表现考核点</td><td>教师评价</td><td>分数</td><td>得分</td></tr>
<tr><td>1</td><td>课堂考勤</td><td></td><td>10</td><td></td></tr>
<tr><td>2</td><td>课堂过程表现</td><td></td><td>10</td><td></td></tr>
<tr><td colspan="5">任务总结反思（10分）</td></tr>
<tr><td colspan="5"></td></tr>
</table>

学习任务 2 搭建“共青团基础知识”网页站点（网站开发流程及网页开发工具）

任务要求

编写一个“共青团基础知识”页面，并利用 MyWebServer 软件搭建 Web 测试站点。

任务分析

（1）编辑器的选择：选择使用 Visual Studio Code 进行代码编写。

（2）Web 服务搭建：因为搭建 Web 服务不是本课程重点内容，所以选用简单易用的 MyWebServer 软件，旨在让学生通过实验了解网站开发流程。

学习准备

相关知识点 1　网站开发流程

网站开发流程基本分为网站设计、购买域名、准备空间、调试发布四个步骤，如图 1-2-1 所示。

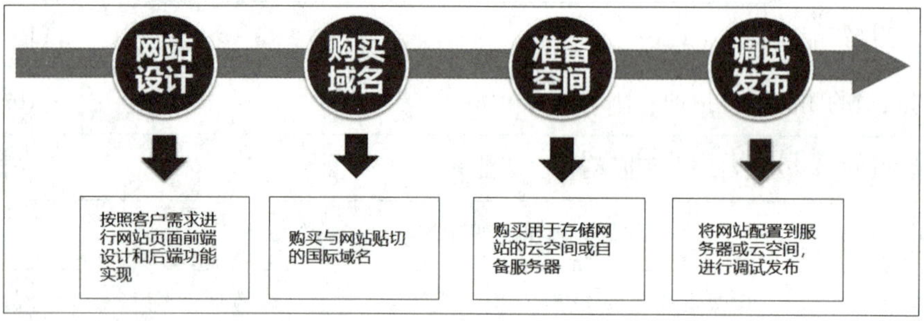

图 1-2-1　网站开发流程

1. 网站设计

（1）确定主题。网站设计的首要任务就是确定企业网站的主题，可以根据企业所在的行业、中心内容及提供的主要信息来确定，另外，还需要从访问者的角度去考虑，因为设计的网站最终是给用户看的。例如，个人网站主要是个人的资料库，是让他人了解自己的；而“电脑报信息网”则是为访问者提供各种即时的计算机技术知识的。

（2）规划网站内容的结构。网站的目标明确之后，就要考虑网站中存放的具体内容，同时还要考虑如何使内容系统化，如何把各项内容以页面的形式表现出来，还要规划页面之间的关系。

（3）搜集有关资料。网站的骨架搭建起来后，就需要进行内容的搜集和整理了。

（4）设计网页版面。有了骨架和内容，接下来就要考虑如何将这些信息展现给访问者，即进入网页版面设计阶段，包括决定各部分资料显示在什么位置以及以什么样的方式呈现出来等，可以通过绘制草图完成这一工作。

2. 购买域名

如果把网站比作房子，域名就相当于门牌号。注册域名时要注意简单好记、与企业形象一致、选择常用后缀等。服务器的类型不同，空间大小也不同，选择自己需要的、觉得合适的即可。一个好的网站应该具有一个简单好记的域名，常见的域名为 .com 或 .cn，建议注册这种域名，这种域名并不昂贵，一般几十元一年。现在有许多渠道都可以申请域名，如万网、阿里云、腾讯云等。此外，现在市面上有很多第三方建站平台也可以注册域名。

3. 准备空间

在网站制作完成以后，只能在本地计算机上欣赏，这不是真正的站点。要想让其他人通过互联网访问制作好的网站，就要为站点申请一个服务器空间，根据不同的资金投入和定位，有不同的方法可以获得服务器空间，并能获得相应的域名，进而将网站提供给其他人访问。

4. 调试发布

页面制作、后台功能开发完成后，再将全部文件及数据库发布到 Web 服务器上，做好域名解析指向并在空间上绑定域名，用户就可以通过浏览器浏览网站了。上传数据工具有 LeapFTP、FlashFXP 等，这些工具均可以很方便地将网站所有内容发布到网络上。

相关知识点 2　网页开发工具 Visual Studio Code

Visual Studio Code（简称 VS Code）是 Microsoft 公司开发的运行于 Windows、macOS 和 Linux 系统之上的，开源、免费、跨平台、高性能、轻量级的代码编辑器。它在性能、语言支持、开源社区方面都有优异的表现。该编辑器支持多种语言和文件格式的编写，也集成了所有现代编辑器所应该具备的特性，包括语法高亮、可定制的热键绑定、括号匹配以及代码片段收集等。Visual Studio Code 软件界面如图 1-2-2 所示。

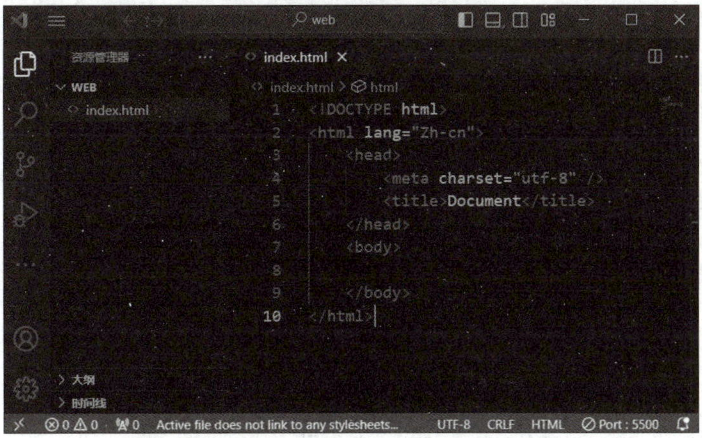

图 1-2-2　Visual Studio Code 软件界面

任务实施

视频
搭建"共青团基础知识"网页站点讲解 1

步骤 1：下载 Visual Studio Code。

（1）打开 Visual Studio Code 官网，如图 1-2-3 所示。

（2）单击页面右上角的 Download 按钮。

（3）根据自己计算机的操作系统选择对应的版本，这里选择 Windows 系统下面的"System Installer x64"版本，进行安装包下载，如图 1-2-4 所示。

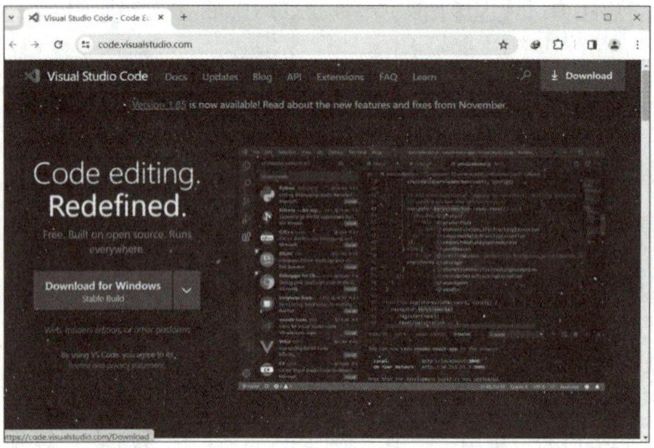

图 1-2-3　Visual Studio Code 官网

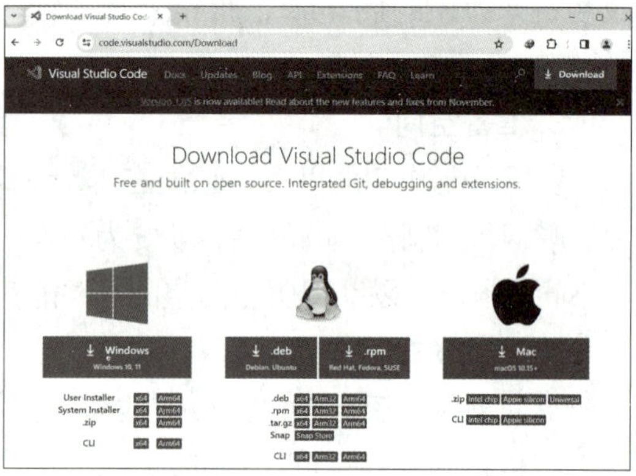

图 1-2-4　Visual Studio Code 下载页面

步骤 2：安装 Visual Studio Code。

（1）双击 Visual Studio Code 安装包，在打开的"许可协议"界面中选择"我同意此协议（A）"单选按钮，单击"下一步（N）"按钮，如图 1-2-5 所示。

（2）在"选择目标位置"界面，单击"下一步（N）"按钮，如图 1-2-6 所示。

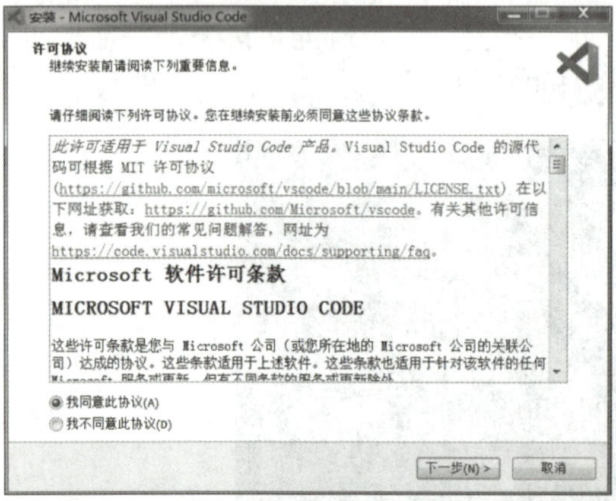

图 1-2-5　"许可协议"界面

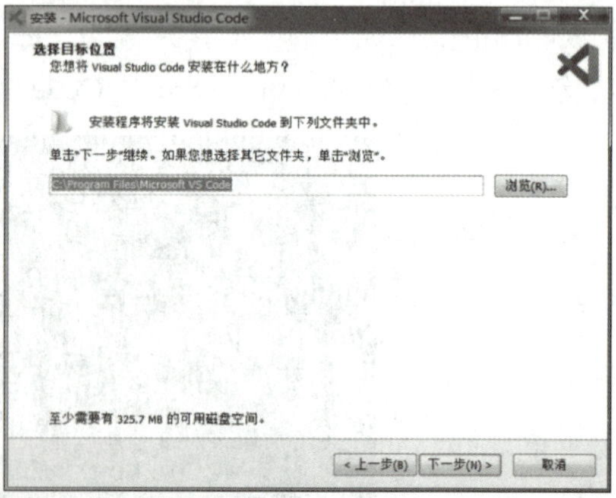

图 1-2-6　"选择目标位置"界面

（3）在"选择开始菜单文件夹"界面，单击"下一步（N）"按钮，如图 1-2-7 所示。

（4）在"选择附加任务"界面，单击"下一步（N）"按钮，如图 1-2-8 所示。

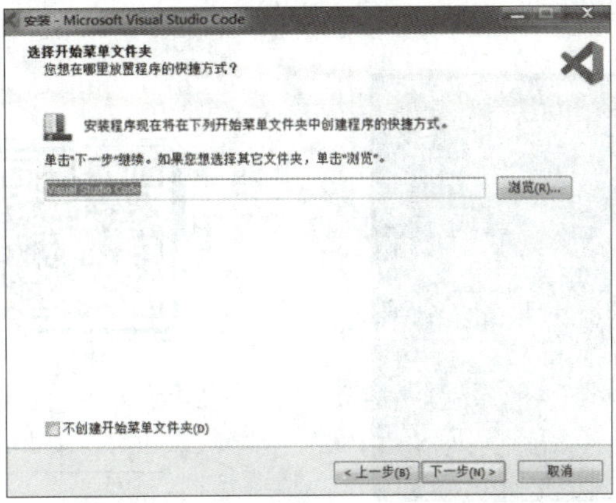

图 1-2-7 “选择开始菜单文件夹”界面

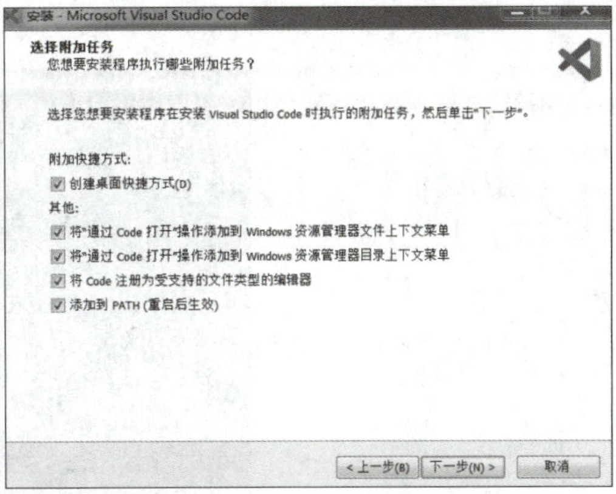

图 1-2-8 “选择附加任务”界面

（5）在“准备安装”界面，单击“安装（I）”按钮，开始安装 Visual Studio Code，如图 1-2-9 所示。

（6）安装完成后单击“完成（F）”按钮，结束安装过程，如图 1-2-10 所示。

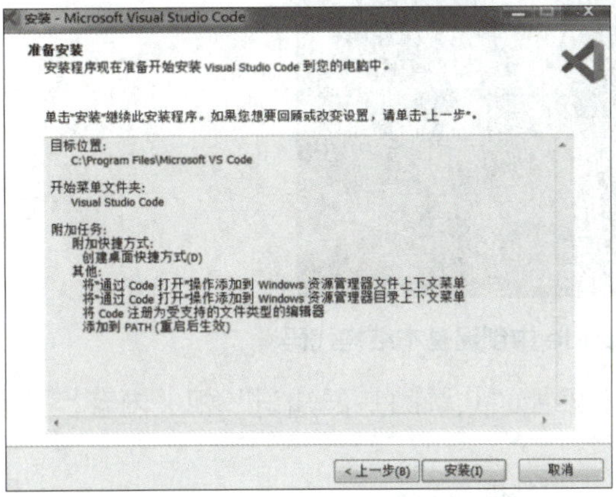

图 1-2-9 “准备安装”界面

图 1-2-10 “安装完成”界面

步骤 3：使用 Visual Studio Code 编辑“共青团基础知识”页面。

（1）在计算机工作盘上创建项目文件夹，如“e:\web”，打开 Visual Studio Code 软件，在“欢迎”界面中单击“启动”选项组中的“打开文件夹”链接，如图 1-2-11 所示。

图 1-2-11 Visual Studio Code“欢迎”界面

视频

搭建“共青团基础知识”网页站点讲解 2

（2）在左侧“资源管理器”窗格中新建名为“index.html”的网页文件，如图 1-2-12 所示。

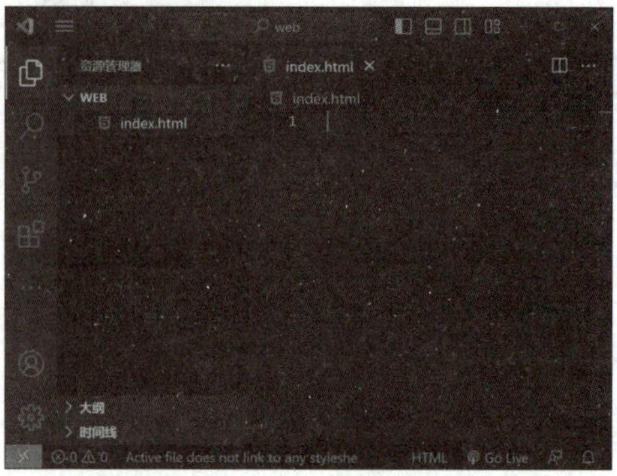

图 1-2-12　创建网页文件

视频

搭建“共青团基础知识”网页站点讲解 3

（3）在 index.html 文件的代码编辑区中输入一个英文叹号“!”，按 Enter 键后，便可以自动生成初始代码，如图 1-2-13 所示。

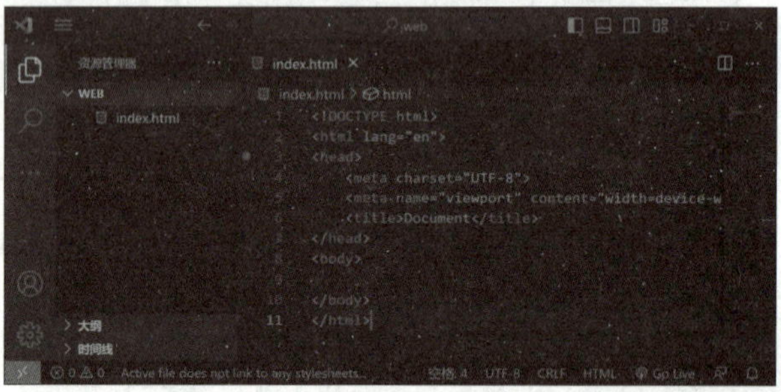

图 1-2-13　在 Visual Studio Code 中创建基本结构代码

（4）在 Visual Studio Code 生成的初始代码中添加“共青团基础知识”相关内容，完整代码如下：

```
<!DOCTYPE html>
<html lang="zh-cn">
  <head>
      <meta charset="utf-8"/>
      <meta http-equiv="X-UA-Compatible" content="IE=edge"/>
      <meta name="viewport" content="width=device-width,
initial-scale=1.0"/>
      <title>共青团基础知识</title>
  </head>
  <body>
      <h2>共青团基础知识</h2>
      <hr/>
      <h3>共青团的性质是什么？</h3>
```

```
        <p> 中国共产主义青年团是中国共产党领导的先进青年的群团组织，是广大青年在
实践中学习中国特色社会主义和共产主义的学校，是中国共产党的助手和后备军。</p>
        <h3> 加入共青团的年龄要求 </h3>
        <p> 年龄在十四周岁以上，二十八周岁以下的中国青年，承认团的章程，愿
意参加团的一个组织并在其中积极工作、执行团的决议和按期交纳团费的，可以申请加
入中国共产主义青年团。</p>
    </body>
</html>
```

（5）Visual Studio Code 也有一些插件可以使用，单击左侧工具栏中的图标，即可在应用商店中搜索并添加常用插件，如图 1-2-14 所示。

图 1-2-14　在 Visual Studio Code 中搜索并添加插件

利用 Visual Studio Code 编写网页一般应安装表 1-2-1 所示的相关插件。

表 1-2-1　Visual Studio Code 编写网页常用插件

插　件	作　用
Chinese（Simplified) Language Pack for Visual Studio Code	中文语言包
Auto Close Tag	自动补全结束标签
Auto Rename Tag	自动重命名配对的 HTML/XML 标签
CSS Peek	快速跳到 CSS 的定义处预览
Open in Browser	单击选择浏览器打开 HTML 文件

步骤 4：下载并配置 MyWebServer。

（1）通过百度搜索 MyWebServer，选择站点下载。例如，可以通过绿色软件联盟网站下载 MyWebServer 安装包，如图 1-2-15 所示。

图 1-2-15　在绿色软件联盟网站下载 MyWebServer 安装包

视频

搭建“共青团基础知识”网页站点讲解 4

（2）下载的 MyWebServer 软件为绿色免安装的压缩包格式，在工作盘上解压缩，双击执行其中的 MyWebServer.exe 文件，打开的软件界面如图 1-2-16 所示。

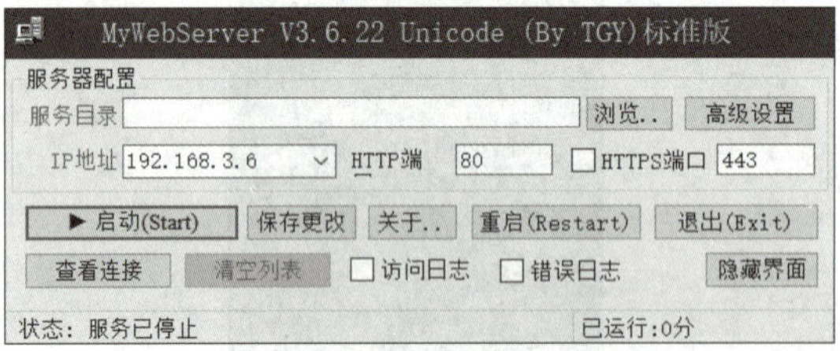

图 1-2-16　MyWebServer 软件界面

（3）将服务目录设定成项目文件夹位置，在 IP 地址栏中通过下拉菜单选择本机的 IP 地址，如图 1-2-17 所示，设置完成后单击“保存更改”按钮，然后单击“重启（Restart）”按钮。

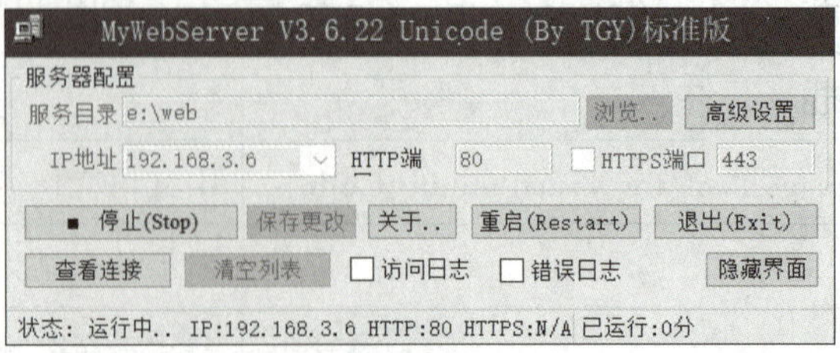

图 1-2-17　MyWebServer 服务器配置界面

步骤 5：实现效果图。

通过浏览器访问 IP 地址站点，验证网站站点是否成功搭建，可小组内互相交叉访问，实现效果图如图 1-2-18 所示。

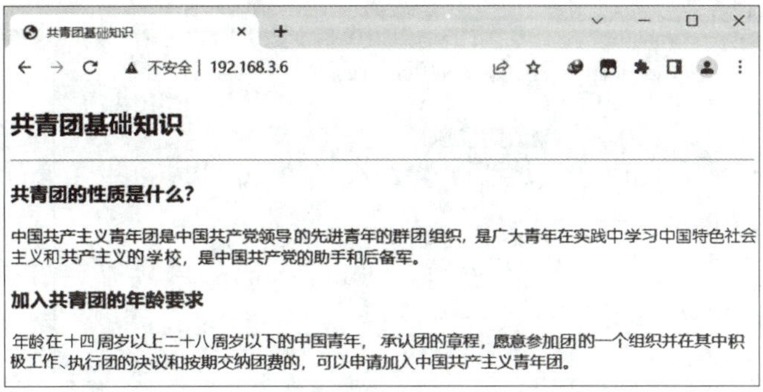

图 1-2-18 “共青团基础知识”站点实现效果图

课外拓展

相关知识点 其他网页开发工具

网站制作及前端开发软件是指用于制作 HTML 网页的工具软件。

1. Dreamweaver

Dreamweaver（简称 DW）是美国 Adobe 公司推出的一套拥有可视化编辑界面，用于制作并编辑网站和移动应用程序的网页设计软件。新版本使用了自适应网格版面创建页面，在发布前使用多屏幕预览审阅设计，可大大提高工作效率。Dreamweaver 是一款比较好用的网页代码编辑器，其软件界面如图 1-2-19 所示。

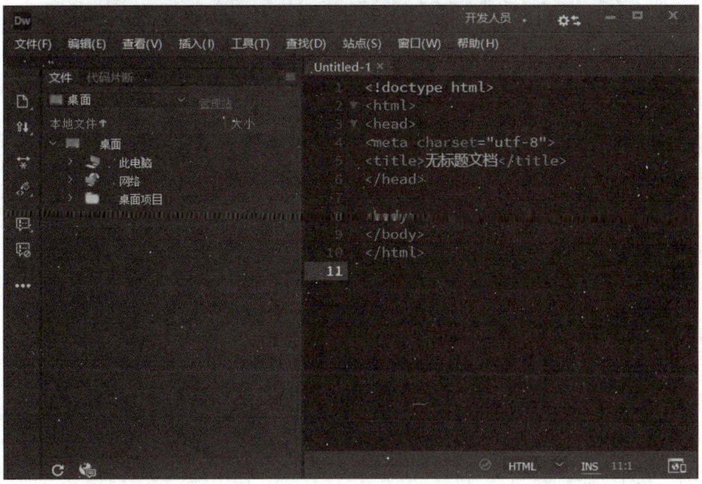

图 1-2-19 Dreamweaver 软件界面

2. HBuilder X

HBuilder X（简称 HX）编辑器是数字天堂（DCloud）推出的一款支持 HTML 的 Web 开发工具。该软件体积小，启动快，具有完整的语法提示和代码输入法、代码块等，大幅提升了 HTML、JavaScript、CSS 的开发效率。由于 HBuilder X 是国内公司开发的，因此在使用上比较符合国人的开发习惯，国人用 HBuilder X 编写 HTML 代码会感到十分方便，其软件界面如图 1-2-20 所示。

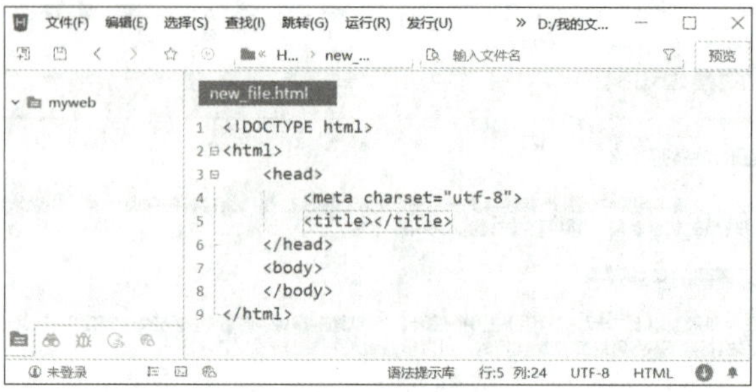

图 1-2-20　HBuilder X 软件界面

3. Sublime Text 3

Sublime Text 3 是一款具有代码高亮、语法提示、自动完成功能且反应快速的编辑器软件，它不仅具有华丽的界面，还支持插件扩展，而且很容易上手，其软件界面如图 1-2-21 所示。

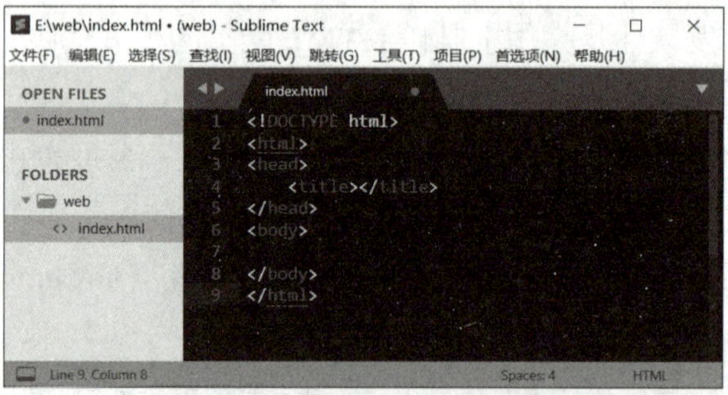

图 1-2-21　Sublime Text 3 软件界面

4. Notepad++

Notepad++ 旨在替代 Windows 默认的 Notepad，它比 Notepad 的功能更为强大。Notepad++ 支持插件，可通过添加不同的插件来支持不同的功能。Notepad++ 属于轻量级的文本编辑类软件，比其他一些专业的文本编辑类工具启动更快、占用资源更少，且其功能也可和专业工具相媲美，其软件界面如图 1-2-22 所示。

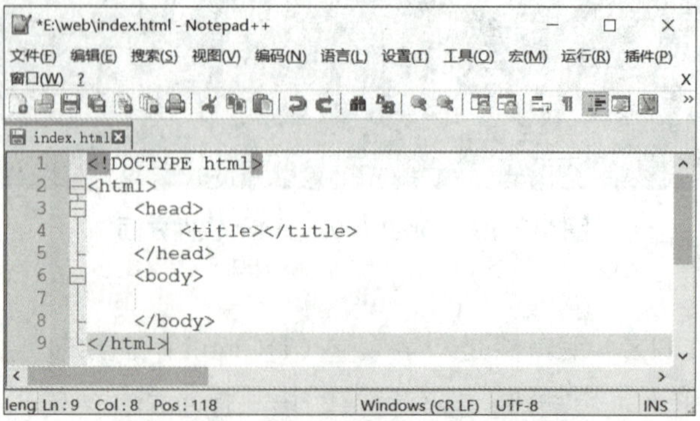

图 1-2-22　Notepad++ 软件界面

任务评价

<table>
<tr><td colspan="3">课程名称：网页设计与制作</td><td colspan="3">授课地点：</td></tr>
<tr><td colspan="3">学习任务 2：搭建“共青团基础知识”网页站点（网站开发流程及网页开发工具）</td><td>授课教师：</td><td colspan="2">授课学时：</td></tr>
<tr><td colspan="3">课程性质：理实一体课程</td><td colspan="3">综合评分：</td></tr>
<tr><td colspan="6">知识掌握情况评分（10分）</td></tr>
<tr><td>序号</td><td colspan="2">知识考核点</td><td>教师评价</td><td>分数</td><td>得分</td></tr>
<tr><td>1</td><td colspan="2">掌握网站开发的基本流程</td><td></td><td>5</td><td></td></tr>
<tr><td>2</td><td colspan="2">学会使用一种网页开发工具软件</td><td></td><td>5</td><td></td></tr>
<tr><td colspan="6">工作任务完成情况评分（60分）</td></tr>
<tr><td>序号</td><td colspan="2">能力操作考核点</td><td>教师评价</td><td>分数</td><td>得分</td></tr>
<tr><td>1</td><td colspan="2">项目完成质量</td><td></td><td>30</td><td></td></tr>
<tr><td>2</td><td colspan="2">程序排错能力</td><td></td><td>10</td><td></td></tr>
<tr><td>3</td><td colspan="2">与组员的团队配合精神、协调能力</td><td></td><td>10</td><td></td></tr>
<tr><td>4</td><td colspan="2">精神面貌、专业自信、工匠精神、职业素养</td><td></td><td>10</td><td></td></tr>
<tr><td colspan="6">课堂表现情况评分（20分）</td></tr>
<tr><td>序号</td><td colspan="2">课堂表现考核点</td><td>教师评价</td><td>分数</td><td>得分</td></tr>
<tr><td>1</td><td colspan="2">课堂考勤</td><td></td><td>10</td><td></td></tr>
<tr><td>2</td><td colspan="2">课堂过程表现</td><td></td><td>10</td><td></td></tr>
<tr><td colspan="6">任务总结反思（10分）</td></tr>
<tr><td colspan="6"></td></tr>
</table>

课后习题

1. HTML 指的是（　　）。

A. 超文本标记语言（hypertext markup language）

B. 家庭工具标记语言（home tool markup language）

C. 超链接和文本标记语言（hyperlinks and text markup language）

D. 可扩展超文本标记语言（extensible hypertext markup language）

2. 下列不是网页制作工具的软件是（　　）。

A. Visual Studio Code　　B. Dreamweaver

C. Hbuilder X　　D. PhotoShop

3. 网站开发过程中不包括（　　）。

A. 网站设计　　B. 购买域名

C. 购买硬件　　D. 调试发布

4. 网页的前端设计由（　　）三部分组成。

A. HTML　　B. Hbuilder

C. CSS　　D. JavaScript

5. 一个 HTML 文件有自己固定的基本结构，其中可以不含有的标签是（　　）。

A. <!DOCTYPE HTML>　　B. <head>

C. <body>　　D. <div>

项目 2 HTML5常用标签

本项目主要介绍 HTML5 的常用标签。HTML 的标签很多，HTML5 又新增了一部分，我们把这些标签分为基本标签、文本标签、图像标签、区块标签、列表标签、超链接标签和表格标签，本项目将分别介绍它们的作用和具体的应用技巧。标签是 HTML 的重要内容，希望学生能够熟练掌握这些标签的相关知识，为 HTML5 的学习打好基础。本项目知识结构如下：

- HTML5常用标签
  - 制作“HTML5 常用标签学习目录”页面（标签概述）
    - HTML5 标签概述
    - HTML5 标签的分类
    - HTML5 标签的属性
    - Web HTML 文件和 CSS 文件链接
  - 制作“古诗词鉴赏”页面（基本标签）
    - HTML5 基本标签
    - 网页中颜色的表示方法
  - 制作新闻页面（文本标签）
    - HTML5 文本格式化标签
    - HTML5 计算机输出标签
    - HTML5 引用及定义标签
    - HTML5 的特殊字符
    - HTML5 文档结构标签
    - <b> 标签和 <strong> 标签的区别

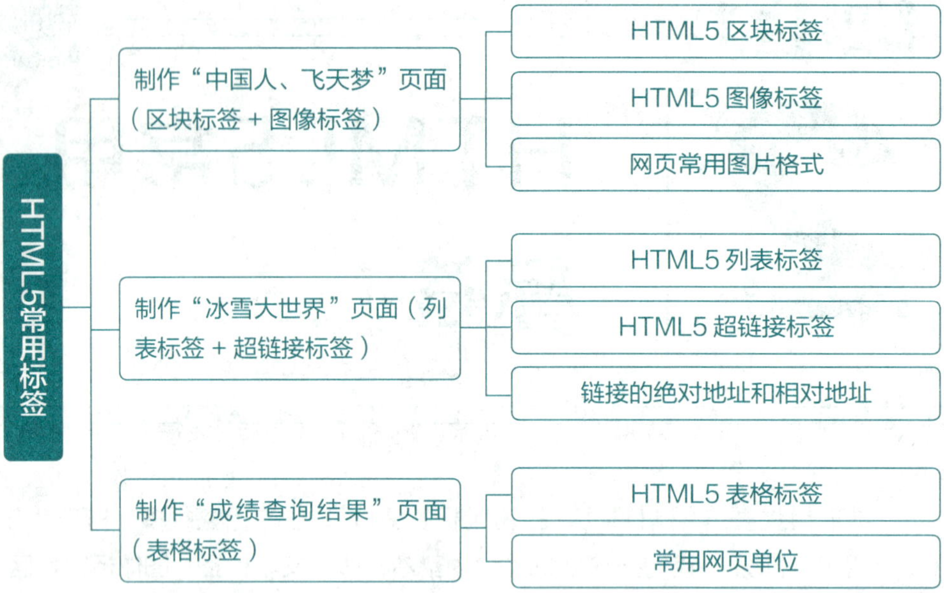

项目目标

知识目标

- 掌握基本标签的作用。
- 掌握文本标签的作用和应用技巧。
- 掌握区块标签的作用和应用技巧。
- 掌握图像标签的作用和应用技巧。
- 掌握列表标签的作用和应用技巧。
- 掌握超链接标签的作用和应用技巧。
- 掌握表格标签的作用和应用技巧。

能力目标

- 使用 HTML5 的常用标签制作简单的静态网页。
- 掌握网页开发工具软件的使用方法。
- 掌握网页的制作流程。

素质目标

- 培养学生持之以恒、精益求精、勇于创新的“大国工匠”精神。
- 培养学生认真严谨的工作态度。
- 使学生了解网页设计的科技发展现状，激发学生的爱国情怀。
- 使学生了解传统文化，树立文化自信。
- 使学生了解社会进步、科技进步的信息，激发学生的社会责任感。

学习任务 1 制作“HTML5 常用标签学习目录”页面（标签概述）

任务要求

编写“HTML5 常用标签学习目录”页面，了解 HTML 标签的具体用法。

任务分析

（1）此任务为制作一个简单的学习网页的左侧目录部分，网页为纯文字页面。

（2）代码主要分为两个部分，一个为网页文件代码，另一个为 CSS 样式表文件代码。

（3）在网页文件代码的 <head> 标签中，使用 <link/> 标签将 CSS 样式表文件和网页文件进行关联。

学习准备

相关知识点 1　HTML5 标签概述

HTML 是一种描述性标记语言，用于描述超文本的内容和结构。HTML 最基本的语法之一就是标签，在使用时标签通常成对出现，即一个开始标签和一个结束标签，内容放在其中，如 < 标签名 >……</ 标签名 >。

当浏览器读取 HTML 文件时，会逐个解析页面中的标签，将每个标签对应的功能和属性表达出来。

例如，HTML 文件中的 <body> 标签用来定义网页的主体内容，即用户能看到的内容，如文本、超链接、图像、音频、视频等，当浏览器读取到 <body> 标签时，标签中的内容就会显示出来，代码如下：

```
<!DOCTYPE html>
<html>
   <head>
         <meta charset="utf-8"/>
         <title></title>
   </head>
   <body>
         这是我的第一个网页！！！
   </body>
</html>
```

在浏览器中预览的显示效果如图 2-1-1 所示。

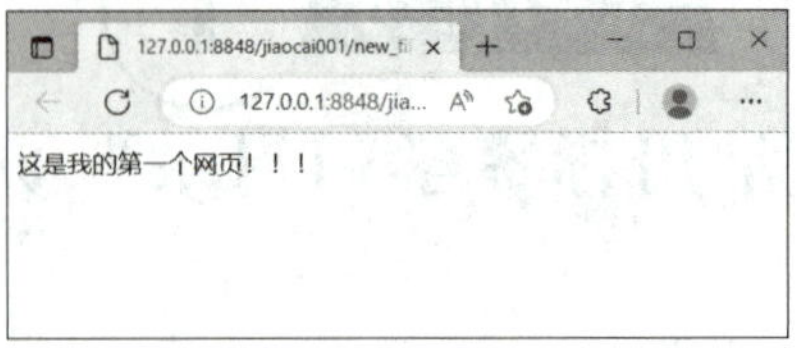

图 2-1-1　<body> 标签预览效果图

相关知识点 2　HTML5 标签的分类

标签又可称为标记或元素，按不同的分类角度可以将标签分为不同的类别。

（1）根据标签闭合结构，可以分为单标签和双标签。常用的单标签有 <hr/>、
 等，这类标签只会单独出现；常用的双标签有 <html>、<body> 等，这类标签都是成对出现的，一个为开始标签，另一个为结束标签，结束标签需在标签名前加 "/"。

（2）根据标签布局结构，可以分为块标签、行内标签和行内块标签。

①块标签。块标签会独占一行，默认情况下，其宽度自动填满其父元素宽度，可设置标签的宽和高属性。常用的块标签有 <div>、<p> 等。

②行内标签。行内标签不会独占一行，相邻的行内标签会排列在同一行中，直到一行排满才会换行，宽、高属性根据内容决定，无须设置。常用的行内标签有 <a>、<span> 等。

③行内块标签。行内块标签不会独占一行，相邻的行内块标签会从左到右排列在同一行中，且排满也不会自动换行，可设置标签的宽、高属性。常用的行内块标签有 <img/>、<input/> 等。

相关知识点 3　HTML5 标签的属性

标签属性可以简称为属性，是对标签的一种描述方式，使 HTML5 的标签可以有更加丰富的表现形式。属性要在开始标签中制定，格式为 "属性名 =" 属性值 ""。例如，<div id="content"></div>。标签可以同时设置多个属性，在书写时需要在多个属性中用空格隔开，且多个属性的顺序可以互换。

标签的属性可以分为如下三种：

（1）通用属性。通用属性指每个标签都有的属性，如 width、height 等。

（2）自有属性。自有属性指特定标签独有的属性，如 <a> 标签的 target 属性。

（3）自定义属性。自定义属性指根据需要自定义的属性，这类属性不是系统定义的。

视频
制作 "HTML5 常用标签学习目录" 页面讲解

任务实施

按照任务要求，编写 HTML 和 CSS 文件，本任务希望学生了解 HTML5 标签的具体使用情况，因此，学生要重点了解网页文件的代码，CSS 样式表文件的代码仅供参考，不做学习要求。

（1）HTML 文件参考代码：

```
<!DOCTYPE html>
<html>
    <head>
          <meta charset="utf-8"/>
          <link rel="stylesheet" type="text/css" href="css/css.css"/>
          <title></title>
    </head>
    <body>
          <div id="title">
              <h3 class="h301">HTML5 的常用标签 </h3>
          </div>
          <hr class="hr01"/>
          <div id="content">
              <p class="p01"> 学习任务 1- 标签概述 </p>
              <p class="p02"> 学习任务 2- 基本标签 </p>
              <p class="p02"> 学习任务 3- 文本标签 </p>
              <p class="p02"> 学习任务 4- 图像标签 </p>
              <p class="p02"> 学习任务 5- 区块标签 </p>
              <p class="p02"> 学习任务 6- 列表标签 </p>
              <p class="p02"> 学习任务 7- 超链接标签 </p>
              <p class="p02"> 学习任务 8- 表格标签 </p>
          </div>
    </body>
</html>
```

（2）CSS 文件参考代码：

```
@charset "utf-8";
.h301{
   color: darkcyan;
}

.hr01{
   border: none;
   border-bottom: 1px solid #808080;
```

```
    height: 1px;
    -webkit-transform: scaleY(0.5);
    -webkit-transform-origin: 0 0;
}
.p01{
    font-size: 14px;
    font-weight: bold;
    color: red;

}
.p02{
    font-size: 14px;
    color: #808080;
}
```

（3）任务实现效果图：“HTML5 常用标签学习目录”页面实现效果如图 2-1-2 所示。

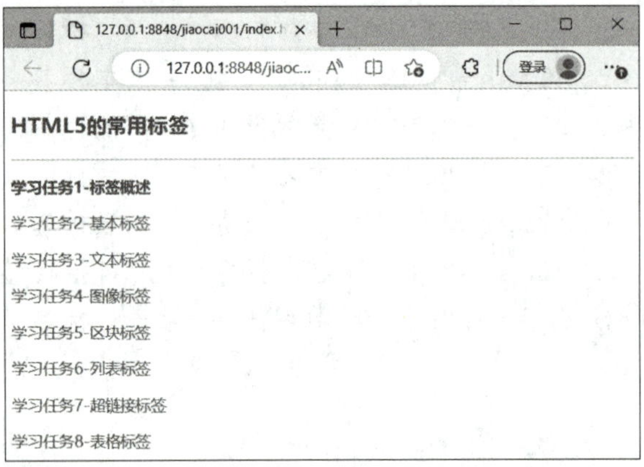

图 2-1-2 “HTML5 常用标签学习目录”页面实现效果图

课外拓展

相关知识点 Web HTML 文件和 CSS 文件链接

如果网页文件的内容和美化分别放在 HTML 文件和 CSS 文件中，就需要在 HTML 文件中链接 CSS 文件，这样网页内的文字、图像、视频等各种元素的外观才会完整呈现出来。

HTML 文件和 CSS 文件链接的语句语法如下：

```
<link rel="stylesheet" type="text/css" href="CSS 文件路径 /CSS 文件名 "/>
```

这段链接语句必须放在 HTML 文件的 <head> 标签内，在该链接的基础上，HTML 文件中的标签就可以通过 class=" 样式名 " 属性引用需要的样式了。

任务评价

课程名称：网页设计与制作		授课地点：		
学习任务 1：制作“HTML5 常用标签学习目录”页面（标签概述）		授课教师：	授课学时：	
课程性质：理实一体课程		综合评分：		
知识掌握情况评分（10分）				
序号	知识考核点	教师评价	分数	得分
1	掌握 HTML5 标签的基础知识		5	
2	能完成网页制作，实现全部效果		5	
工作任务完成情况评分（60分）				
序号	能力操作考核点	教师评价	分数	得分
1	项目完成质量		30	
2	程序排错能力		10	
3	与组员的团队配合精神、协调能力		10	
4	精神面貌、专业自信、工匠精神、职业素养		10	
课堂表现情况评分（20分）				
序号	课堂表现考核点	教师评价	分数	得分
1	课堂考勤		10	
2	课堂过程表现		10	
任务总结反思（10分）				

学习任务 2 制作“古诗词鉴赏”页面（基本标签）

任务要求

编写“古诗词鉴赏”页面，学习 HTML5 基本标签的功能，通过完成任务掌握其使用技巧。

任务分析

（1）此任务为制作一个“古诗词鉴赏”页面，网页为纯文字页面。

（2）代码主要分为两个部分，一个为网页文件代码，另一个为 CSS 样式表文件代码。

（3）在网页文件代码的 <head>…</head> 标签中，使用 <link/> 标签将 CSS 样式表文件和网页文件进行关联。

学习准备

相关知识点　HTML5 基本标签

1. 基本结构标签

HTML5 基本结构标签包括根标签、头标签和主体标签，如图 2-2-1 所示。

（1）根标签。<html> 标签是 HTML 文档的根标签，即最顶层标签，它标记了一个 HTML 文档的开始和结束。

（2）头标签。<head> 标签用于定义 HTML 文档的头部，<head> 标签相当于一个容器，其内部包含 <base/>、<link/>、<meta/>、<script>、<style> 和 <title> 标签，<head> 标签内的内容一般不会显示在页面上。

（3）主体标签。<body> 标签用于定义 HTML 文档的主体部分，网页上显示的所有内容一般都放在 <body> 标签中。

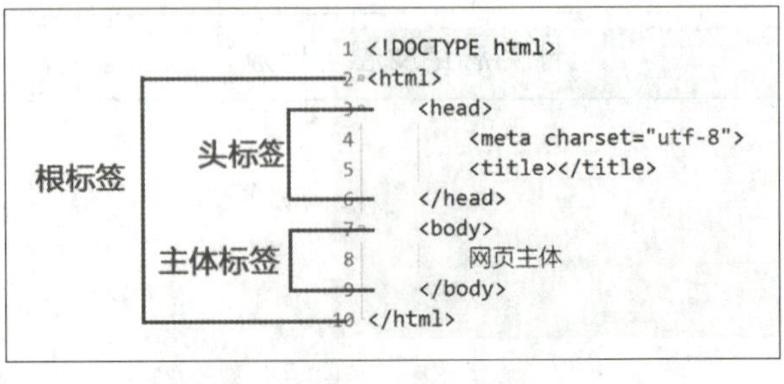

图 2-2-1　HTML5 基本结构标签示意图

2. 标题标签

标题标签共有 6 个，分别是 <h1>、<h2>、<h3>、<h4>、<h5> 和 <h6>，它们用来定义标题文字，文字加粗显示，其中，<h1> 的字号最大，以后依次变小，<h6> 的字号最小。一个标题独占一行。例如：

```
<body>
    <h1> 标题文字 </h1>
    <h2> 标题文字 </h2>
    <h3> 标题文字 </h3>
    <h4> 标题文字 </h4>
    <h5> 标题文字 </h5>
    <h6> 标题文字 </h6>
</body>
```

页面效果如图 2-2-2 所示。

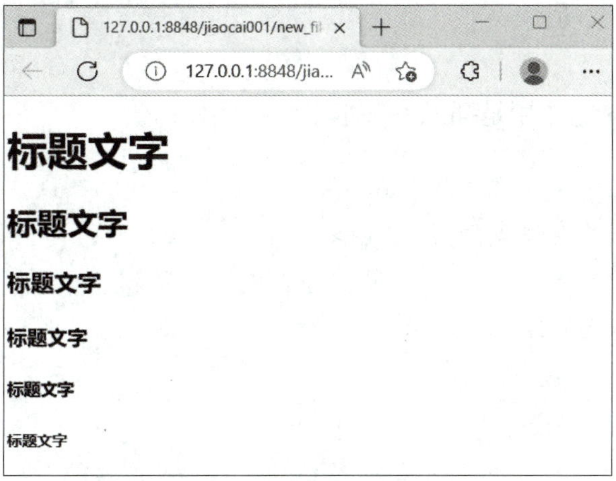

图 2-2-2　HTML5 标题标签效果图

3. 段落标签

段落标签 <p> 用于把一段文字定义为段落格式，段落内的文字从左到右显示，当文字排满一行后会自动换行，段落和段落间会有比较大的空白。例如：

```
<body>
    <p> 这是第一段文字 </p>
    <p> 这是第二段文字 </p>
</body>
```

页面效果如图 2-2-3 所示。

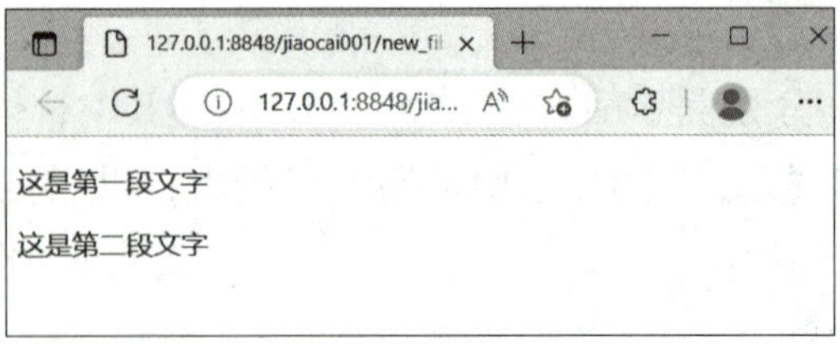

图 2-2-3　HTML5 段落标签效果图

4. 换行标签

换行标签
 的作用是强制换行，当文字还没有排满一行却需要另起一行时需要在前面的行尾加入
 标签。例如：

```
<body>
    5.5G 作为下一代 5G 技术的升级版，<br/> 在速度、容量以及稳定性上 <br/>
都有了很大的提高。
</body>
```

页面效果如图 2-2-4 所示。

5. 水平线标签

水平线标签 <hr/> 的作用是插入一条水平线。例如：

```
<body>
    <h2> 如何提高身体免疫力 </h2>
    <hr/>
    1、补充维生素 C;<br/>
    2、不要熬夜 ;<br/>
    3、适度锻炼 ;<br/>
    4、合理膳食。
</body>
```

页面效果如图 2-2-5 所示。

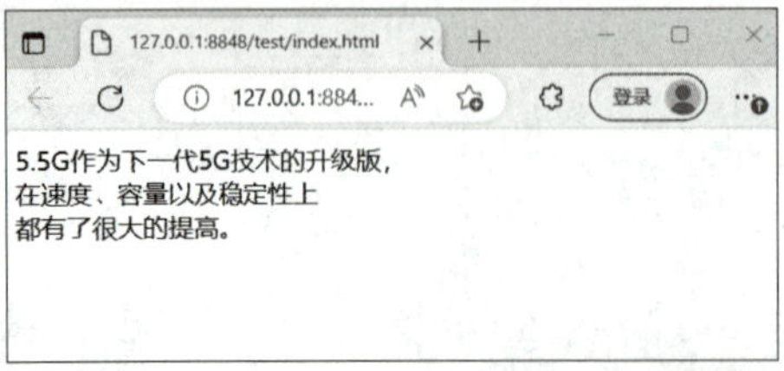

图 2-2-4　HTML5 换行标签效果图

图 2-2-5　HTML5 水平线标签效果图

6. 注释标签

注释标签 <!--……--> 的作用是将内容定义为一段注释，注释内容不会在网页上显示，常被用来对代码段进行解释或标记，在编写大量代码时有比较大的作用。例如：

```
<body>
    普通文字
    <!-- 此内容为注释内容 -->
</body>
```

页面效果如图 2-2-6 所示。

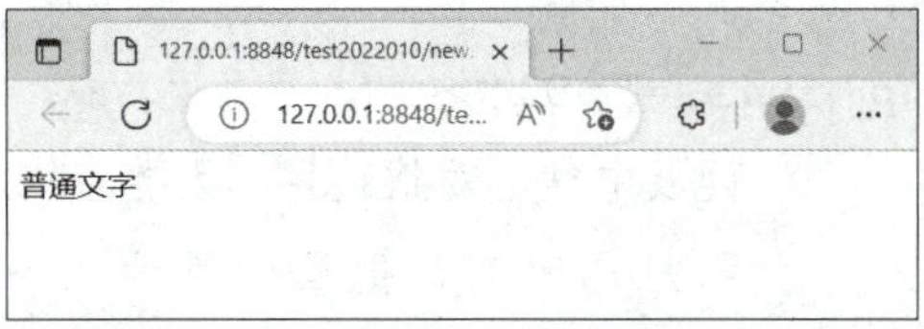

图 2-2-6 HTML5 注释标签效果图

7. 其他标签

<head> 标签内的标签虽然一般在页面中不显示，但却是 HTML5 文档必不可少的重要标签。

（1）<base/> 标签：用于定义 HTML5 文档中所有链接规定的默认地址或默认目标。

（2）<link/> 标签：用于定义 HTML5 文档与外部资源的关系。

（3）<meta/> 标签：用于定义 HTML5 文档的元信息。

（4）<script> 标签：用于定义客户端脚本，该标签内既可以包含脚本语句，也可以通过 src 属性指向外部脚本文件。

（5）<style> 标签：用于定义 HTML5 文档的样式信息。

（6）<title> 标签：用于定义 HTML5 文档的标题。

视频
制作“古诗词鉴赏”页面讲解

任务实施

按照任务要求，编写 HTML 和 CSS 文件，本任务希望学生了解 HTML5 文件基本标签的具体应用，因此学生要重点了解网页文件的代码，CSS 样式表文件的代码仅供参考，不做学习要求。

（1）HTML 文件参考代码：

```
<!DOCTYPE html>
<html>
    <head>
        <meta charset="utf-8"/>
        <title>古诗词鉴赏——水调歌头·明月几时有</title>
        <link rel="stylesheet" type="text/css" href="css/
css.css"/>
```

```
    </head>
    <body>
        <!-- 诗词部分 -->
        <div class="div01">
            <h2> 水调歌头 · 明月几时有 </h2>
            <small> 苏轼【宋代】</small>
            <hr/>
            <p class="p01">
                丙辰中秋，欢饮达旦，大醉，作此篇，兼怀子由。<br/>
                明月几时有？把酒问青天。不知天上宫阙，今夕是何年。我欲乘风归去，又恐琼楼玉宇，高处不胜寒。起舞弄清影，何似在人间。<br/>
                转朱阁，低绮户，照无眠。不应有恨，何事长向别时圆？人有悲欢离合，月有阴晴圆缺，此事古难全。但愿人长久，千里共婵娟。
            </p>
        </div>
    </body>
</html>
```

（2）CSS 文件参考代码：

```
body{
    background-color: #e1e0c7;
}
.div01{
    margin: 0 auto;
    width: 600px;
    height: auto;
    background-color: #f0efe2;
    padding: 20px;
}
.p01{
    line-height: 40px;
}
```

（3）任务实现效果图：任务实现效果如图 2-2-7 所示。

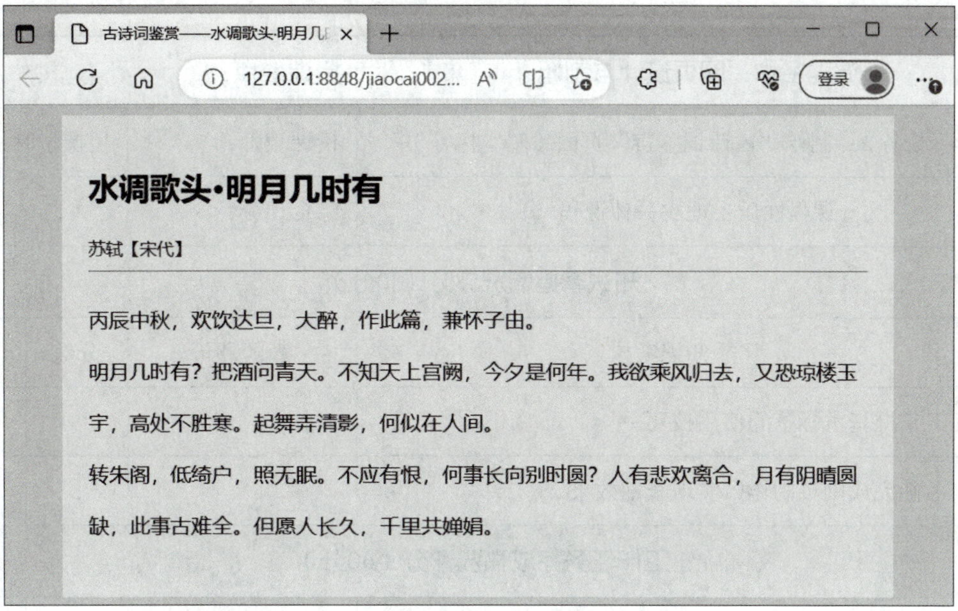

图 2-2-7 “古诗词鉴赏”页面实现效果图

课外拓展

相关知识点　网页中颜色的表示方法

在制作网页时需要使用到很多颜色，这些颜色可以用 3 种方法表示。

（1）rgb( ) 函数。rgb( ) 函数有 3 个参数，分别是红色、绿色和蓝色，取值范围均为 0~255。例如，rgb（255，0，0）表示红色，rgb（0，255，0）表示绿色，rgb（0，0，255）表示蓝色，其他颜色都是由红、绿、蓝取不同的数值获得的。

（2）十六进制。用十六进制表示颜色时前面需要加符号“#”，后面跟 6 位十六进制数，每两个数代表一个颜色，其中第 1、2 位代表红色，第 3、4 位代表绿色，第 5、6 位代表蓝色，其最大值 #ffffff 代表白色，最小值 #000000 代表黑色。

（3）颜色名称。系统为 17 个颜色预设了颜色名称，当使用这些颜色时，也可以直接使用其名称，分别为 aqua、black、blue、fuchsia、gray、green、lime、maroon、navy、olive、orange、purple、red、silver、teal、white、yellow。

任务评价

课程名称：网页设计与制作			授课地点：	
学习任务 2：制作"古诗词鉴赏"页面（基本标签）			授课教师：	授课学时：
课程性质：理实一体课程			综合评分：	
知识掌握情况评分（10分）				
序号	知识考核点	教师评价	分数	得分
1	掌握基本标签的使用技巧		5	
2	能完成网页制作，实现全部效果		5	
工作任务完成情况评分（60分）				
序号	能力操作考核点	教师评价	分数	得分
1	项目完成质量		30	
2	程序排错能力		10	
3	与组员的团队配合精神、协调能力		10	
4	精神面貌、专业自信、工匠精神、职业素养		10	
课堂表现情况评分（20分）				
序号	课堂表现考核点	教师评价	分数	得分
1	课堂考勤		10	
2	课堂过程表现		10	
任务总结反思（10分）				

学习任务 3

制作新闻页面（文本标签）

任务要求

编写新闻页面，学习 HTML5 文本标签的综合应用，通过完成任务掌握其使用技巧。

任务分析

（1）此任务为制作一个新闻页面，内容包含文本和图片，制作过程应用多种标签，并使用 CSS 文件对页面进行美化。

（2）代码主要分为两个部分，一个为网页文件代码，另一个为 CSS 样式表文件代码。

（3）在网页文件代码的 <head>…</head> 标签中使用 <link/> 标签将 CSS 样式表文件和网页文件进行关联。

学习准备

相关知识点 1　HTML5 文本格式化标签

1. <b> 标签

标签说明：用来设置粗体文字。

使用格式：<b> 文本内容 </b>。

例如：

```
<body>
        这一行是普通文字 <br/>
        <b> 这一行是加粗文字 </b>
</body>
```

页面效果如图 2-3-1 所示。

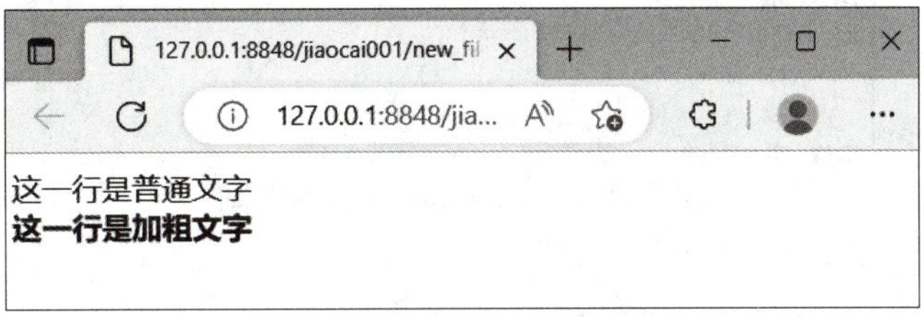

图 2-3-1　<b> 标签效果图

2. <strong> 标签

标签说明：用来设置加重文字。

使用格式：<strong> 文本内容 </strong>。

例如：

```
<body>
         这一行是普通文字<br/>
         <strong>这一行是加重文字</strong>
</body>
```

页面效果如图 2-3-2 所示。

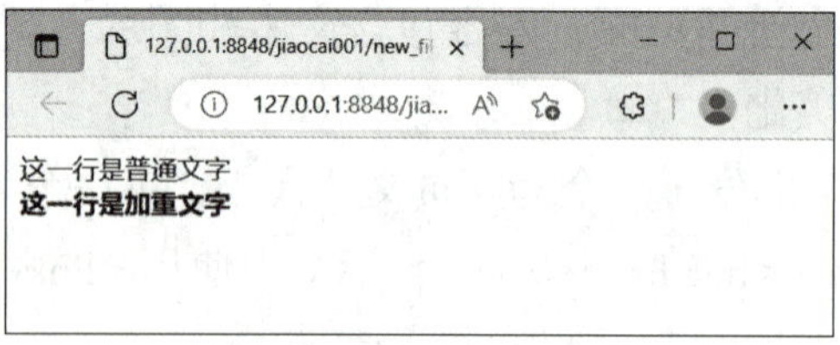

图 2-3-2　<strong> 标签效果图

3. <small> 标签

标签说明：用来设置小号文字。

使用格式：<small> 文本内容 </small>。

例如：

```
<body>
         这一行是普通文字<br/>
         <small>这一行是小号文字</small>
</body>
```

页面效果如图 2-3-3 所示。

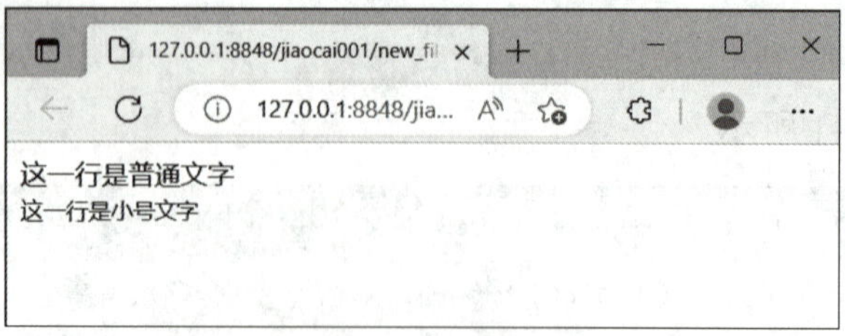

图 2-3-3　<small> 标签效果图

4. <em> 标签

标签说明：用来设置需要被强调的文字，文字样式为斜体。

使用格式：<em> 文本内容 </em>。

例如：

```
<body>
        这一行是普通文字 <br/>
        <em> 这一行需要强调一下 </em>
</body>
```

页面效果如图 2-3-4 所示。

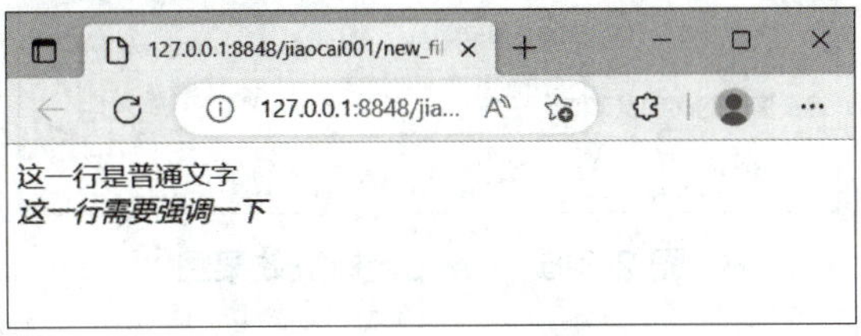

图 2-3-4　<em> 标签效果图

5. <i> 标签

标签说明：用来设置斜体文字。

使用格式：<i> 文本内容 </i>。

例如：

```
<body>
        这一行是普通文字 <br/>
        <i> 这一行是斜体文字 </i>
</body>
```

页面效果如图 2-3-5 所示。

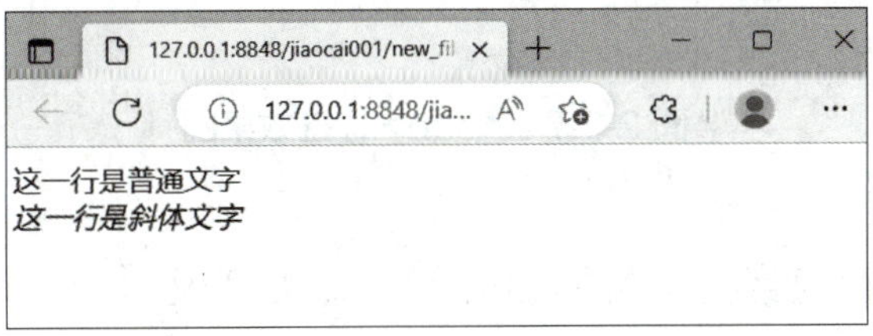

图 2-3-5　<i> 标签效果图

注意：<i> 标签和 <em> 标签的页面效果都是斜体，但 <i> 标签没有强调的作用，<em> 标签的作用是强调文本，因此在搜索引擎中更有优势，其次在语音阅读器中也会在语气上有所加强。

6. <sup> 标签

标签说明：用来设置上标文字。

使用格式：^{文本内容}。

例如：

```
<body>
        这个房间的面积是 50m<sup>2</sup>
</body>
```

页面效果如图 2-3-6 所示。

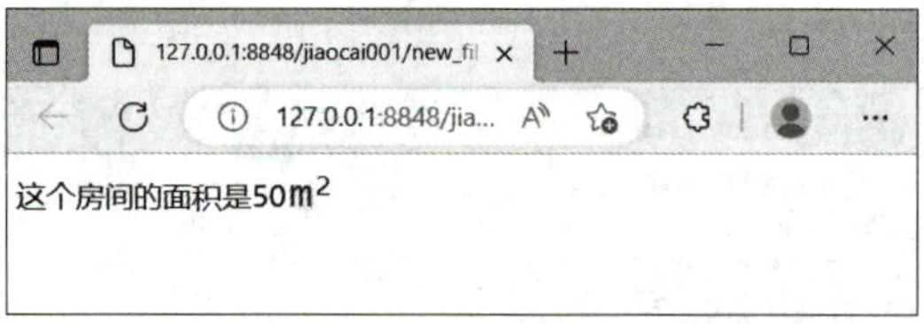

图 2-3-6　<sup> 标签效果图

7. <sub> 标签

标签说明：用来设置下标文字。

使用格式：_{文本内容}。

例如：

```
<body>
        水的化学式为：H<sub>2</sub>O
</body>
```

页面效果如图 2-3-7 所示。

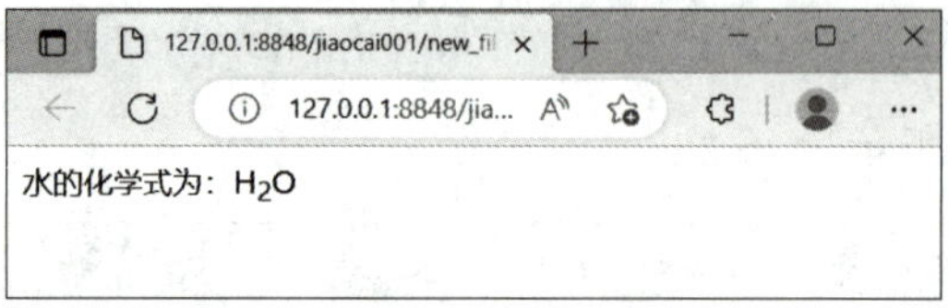

图 2-3-7　<sub> 标签效果图

8. <ins> 标签

标签说明：用来定义已经被插入文档中的文本，插入文本下方通常加有下划线。

使用格式：<ins> 文本内容 </ins>。

例如：

```
<body>
        这是原来的文字 <br/>
        <ins> 这是最新插入的文字 </ins>
</body>
```

页面效果如图 2-3-8 所示。

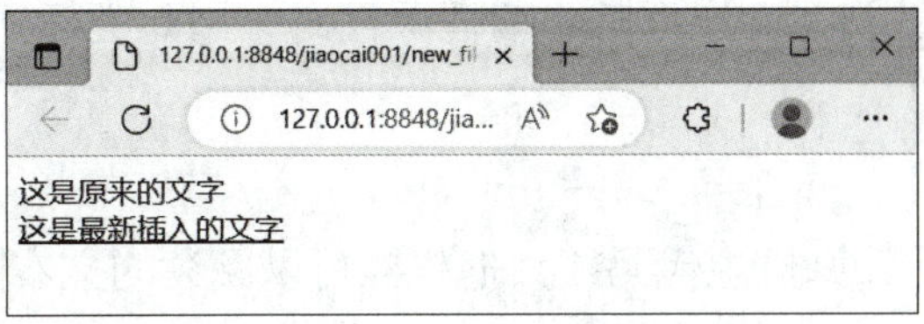

图 2-3-8　<ins> 标签效果图

9. <del> 标签

标签说明：用来定义文档中已删除的文本。

使用格式：<del> 文本内容 </del>。

例如：

```
<body>
        这是正确的文字 <br/>
        <del> 这段话有误所以删除了 </del>
</body>
```

页面效果如图 2-3-9 所示。

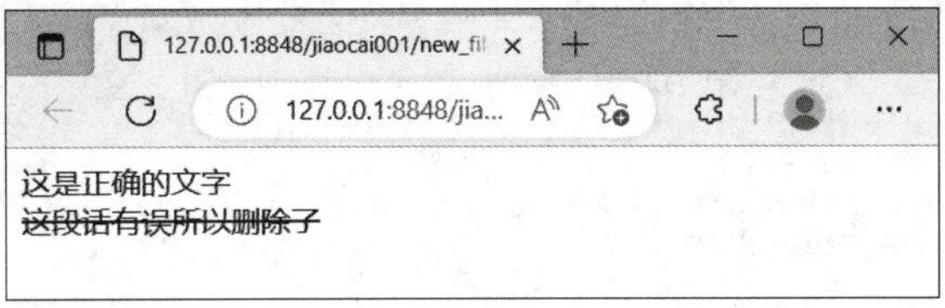

图 2-3-9　<del> 标签效果图

注意：<ins> 标签经常和 <del> 标签一起使用，制作删除错误文字再插入新文字的效果。例如：

```
<body>
        这家企业网站用户数为 <del>53467</del><ins>54367</ins> 个。
</body>
```

页面效果如图 2-3-10 所示。

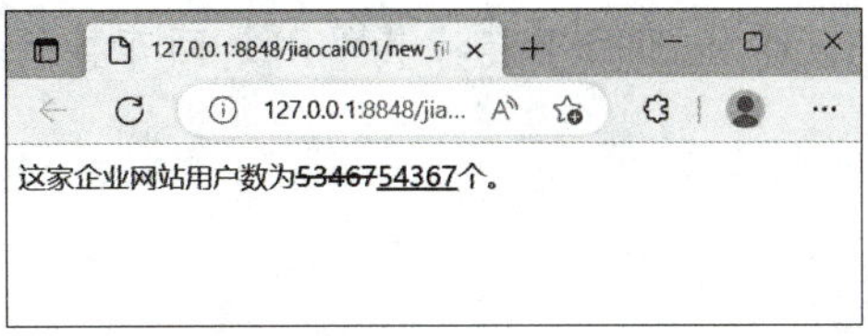

图 2-3-10　<del> 和 <ins> 标签综合应用效果图

相关知识点 2　HTML5 计算机输出标签

计算机输出标签常用于显示计算机的编程源代码，用此类标签修饰的文字将以程序员熟悉的源代码文本样式显示。

1. <code> 标签

标签说明：用于表示计算机源代码或其他机器可以阅读的文本内容。用 <code> 标签修饰的文本会以等宽字体格式显示，同时会告诉浏览器这段文本是源程序代码。

使用格式：<code> 文本内容 </code>。

例如：

```
<body>
    普通文字：<br/>
    x=y+z;a=b+c;printf("%d%d", x, a);<br/>
    计算机代码格式文字：<br/>
    <code>x=y+z;a=b+c;printf("%d%d", x, a);</code>
</body>
```

页面效果如图 2-3-11 所示。

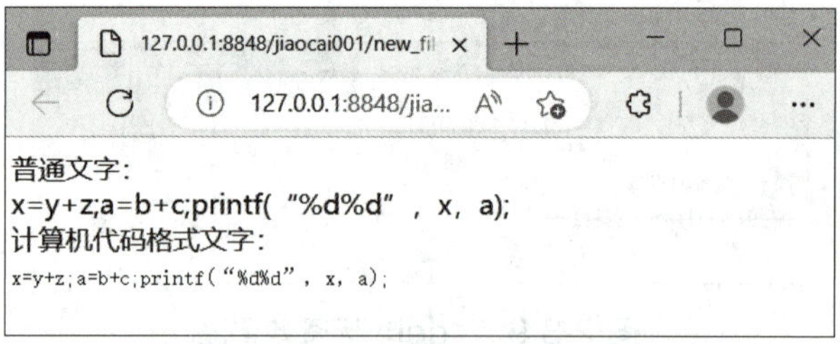

图 2-3-11　<code> 标签效果图

2. <kbd> 标签

标签说明：用来定义键盘文本，常用于计算机相关的文档和手册，大多数浏览器以默认的等宽字体呈现效果。

使用格式：<kbd> 文本内容 </kbd>。

例如：

```
<body>
    <kbd>Enter</kbd>键即回车键，其作用是回车换行。
</body>
```

页面效果如图 2-3-12 所示。

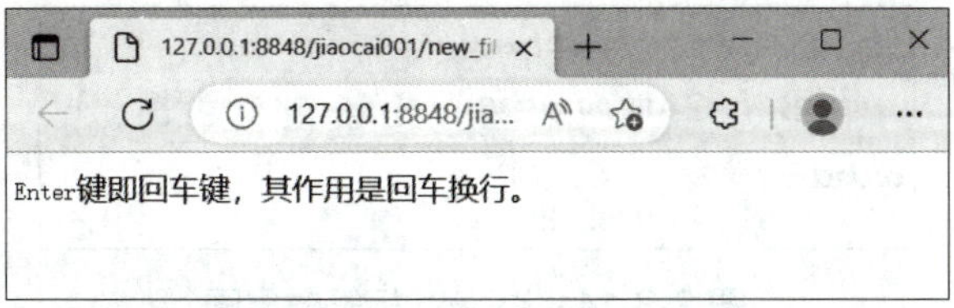

图 2-3-12　<kbd> 标签效果图

3. <samp> 标签

标签说明：是一个短语标签，用来将文本定义为计算机源代码样式，常用于表示浏览器中计算机程序或脚本的示例输出。

使用格式：<samp> 文本内容 </samp>。

例如：

```
<body>
    普通文字：<br/>
    printf(" 请输入长度 /n");<br/>
    代码格式文字：<br/>
    <samp>printf(" 请输入长度 /n");</samp>
</body>
```

页面效果如图 2-3-13 所示。

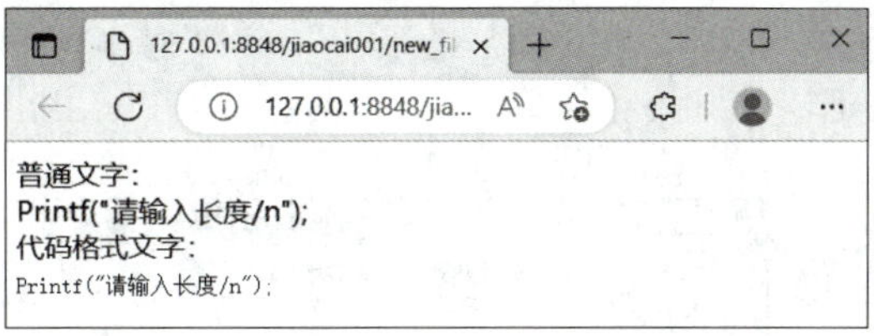

图 2-3-13　<samp> 标签效果图

4. <var> 标签

标签说明：是一个短语标签，用来定义变量，<var> 标签修饰的文本为斜体字。

使用格式：<var> 文本内容 </var>。

例如：

```
<body>
          <var>circle</var> 是一个变量
</body>
```

页面效果如图 2-3-14 所示。

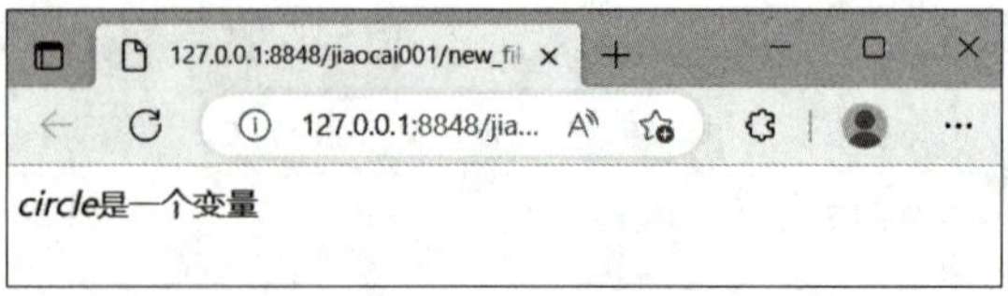

图 2-3-14　<var> 标签效果图

5. <pre> 标签

标签说明：用来定义预格式化的文本。用 <pre> 标签修饰的文本中的空格和换行符会被保留，且文本以等宽字体格式显示。

使用格式：<pre> 文本内容 </pre>。

例如：

```
<body>
普通文本：<br/>
《英雄赞歌》
词：公木        曲：刘炽 <br/><br/>
    预格式化文本：
    <pre>
    《英雄赞歌》
    词：公木        曲：刘炽
    </pre>
</body>
```

页面效果如图 2-3-15 所示。

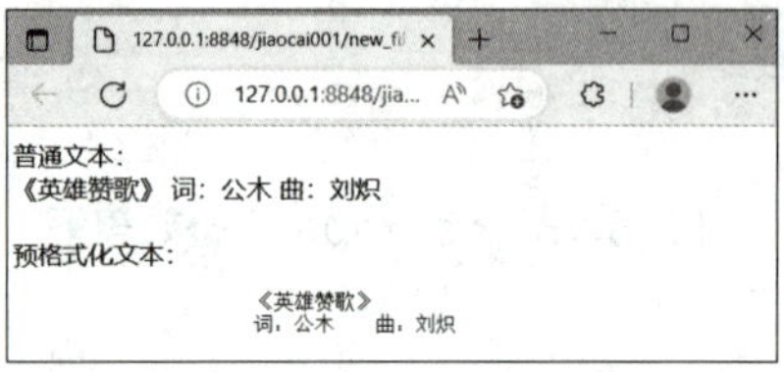

图 2-3-15　<pre> 标签效果图

相关知识点 3　HTML5 引用及定义标签

1. <abbr> 标签

标签说明：用来定义一个缩写，如 ETC、ATM 等。

使用格式：<abbr> 文本内容 </abbr>。

例如：

```
<body>
            你听说过 <abbr>ETC</abbr> 吗？
</body>
```

页面效果如图 2-3-16 所示。

2. <address> 标签

标签说明：用来定义文档或文章的作者 / 拥有者的联系信息。如果标签位于 <body>…</body> 标签内，表示文档的联系信息；如果标签位于 <article>…</article> 标签内，则表示文章的联系信息。用 <address>…</address> 标签修饰的文本为斜体字。

使用格式：<address> 文本内容 </address>。

例如：

```
<body>
    黑龙江旅游职业技术学院的地址为:
    <address> 黑龙江省学府路 315 号 </address>
</body>
```

页面效果如图 2-3-17 所示。

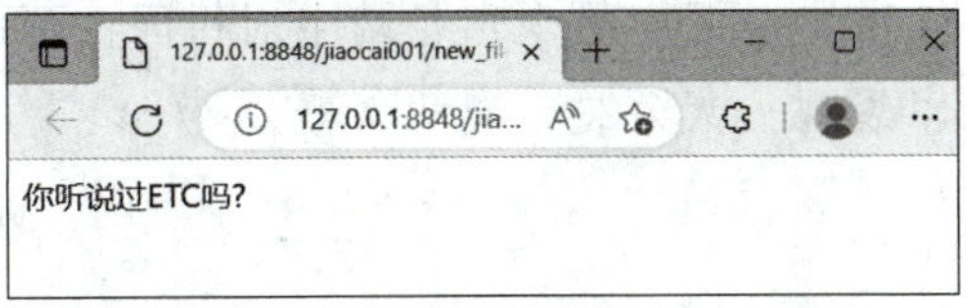

图 2-3-16 <abbr> 标签效果图

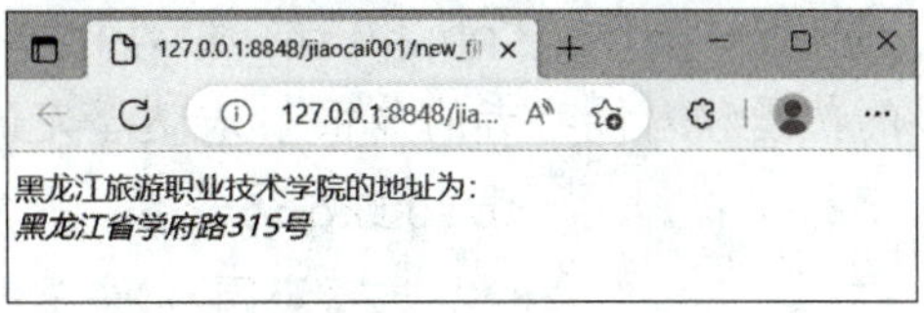

图 2-3-17 <address> 标签效果图

3. <bdo> 标签

标签说明：用来定义文字排列方向。使用时必须用到其 dir 属性，该属性的取值如表 2-3-1 所示。

表 2-3-1 <bdo> 标签的 dir 属性取值

属性名	属性值	描述
dir	ltr	文字方向为从左到右（默认）
	rtl	文字方向为从右到左

使用格式：<bdo dir="ltr"> 文本内容 </bdo> 或者 <bdo dir="rtl"> 文本内容 </bdo>。

例如：

```
<body>
    <bdo dir="ltr"> 这是正常的显示顺序 </bdo><br/>
    <bdo dir="rtl"> 这是从右至左显示内容 </bdo>
</body>
```

页面效果如图 2-3-18 所示。

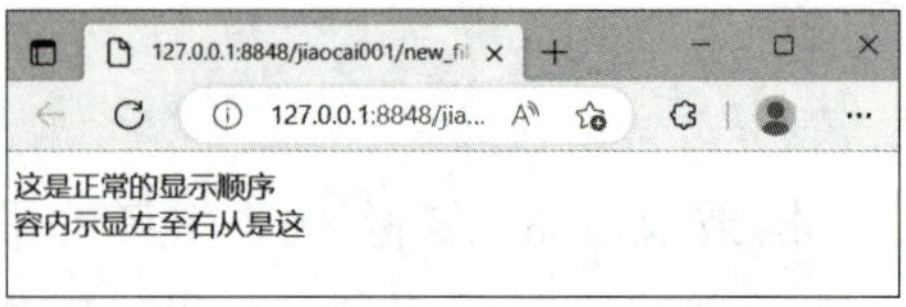

图 2-3-18　<bdo> 标签效果图

4. <blockquote> 标签

标签说明：用来定义块引用。使用 <blockquote> 标签会出现左缩进和右缩进效果。

使用格式：<blockquote> 文本内容 </blockquote>。

例如：

```
<body>
        <p>在艰苦卓绝的抗日战争中，革命先烈杨靖宇用他的热血与生命谱写了壮丽的英雄史诗。他不仅在战场上展现出了非凡的勇气和顽强的斗志，还留下了一些著名的诗词，这些诗词成了他伟大精神的生动写照。</p>
        <p>其中的《沁园春》尽显豪迈与悲壮，词中展现出杨靖宇对祖国山河的热爱和对侵略者的痛恨，表达坚定的抗日决心，展现出大无畏的英雄气概。</p>
        <blockquote>
            《沁园春》<br/>
            雪漫残阳，冰著寒山，铁骨傲风。<br/>
            笑倭奴痴妄，徒施伎俩；丈夫矢志，为复国兴。<br/>
            南满烟云，松江烽火，铁骑狂飚正纵横。<br/>
            须来日，看高粱大豆，遍野黄红。<br/>
            白山昂首苍穹，望林莽，葱葱是古松。<br/>
            问英灵安在，后生可记：当年壮烈，那日从容？ <br/>
            再度回眸，诗篇血就，当教中华瞩目中。<br/>
            还休忘，有余魅拜鬼，海上云浓。</blockquote>
    </body>
```

页面效果如图 2-3-19 所示。

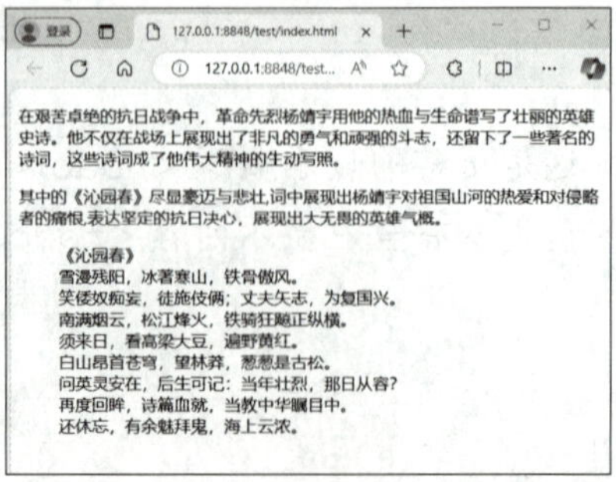

图 2-3-19　<blockquote> 标签效果图

5. <q> 标签

标签说明：用来定义短引用。浏览器会自动在被 <q> 标签修饰的文本两侧加上引号。

使用格式：<q> 文本内容 </q>。

例如：

```
<body>
    中国人有一句老话：<q>不入虎穴，焉得虎子</q>。
</body>
```

页面效果如图 2-3-20 所示。

图 2-3-20　<q> 标签效果图

6. <cite> 标签

标签说明：用来定义一个作品（如书籍、歌曲、电影、电视节目、绘画、雕塑等）的标题。用 <cite> 标签修饰的文本为斜体字。

使用格式：<cite> 文本内容 </cite>。

例如：

```
<body>
    <cite>《红岩》</cite>是现代作家罗广斌、杨益言所创作的一部长篇小说，
1961 年 12 月首版。
</body>
```

页面效果如图 2-3-21 所示。

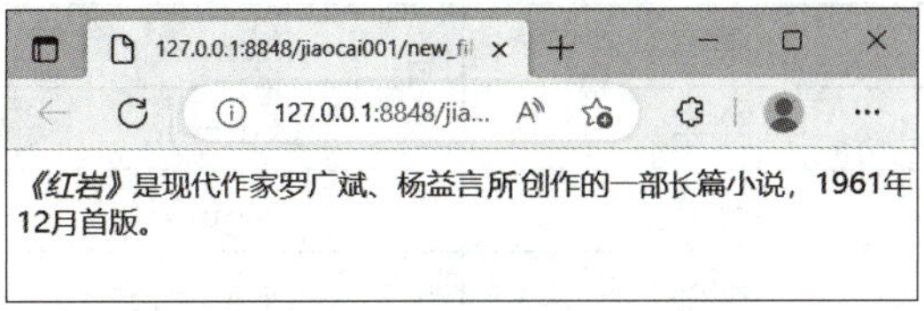

图 2-3-21　<cite> 标签效果图

7. <dfn> 标签

标签说明：是一个短语标签，可用来定义一些特殊术语或短语。用 <dfn> 标签修饰的文本为斜体字。

使用格式：<dfn> 文本内容 </dfn>。

例如：

```
<body>
    <dfn>HTML</dfn> 的中文名是超文本标记语言。
</body>
```

页面效果如图 2-3-22 所示。

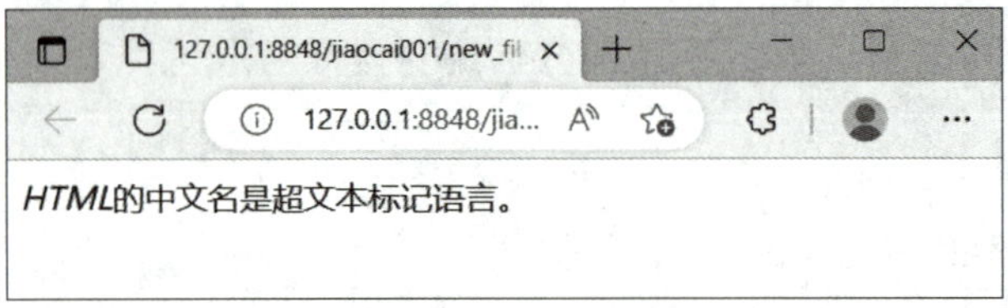

图 2-3-22 <dfn> 标签效果图

相关知识点 4 HTML5 的特殊字符

HTML5 预留了一些特殊字符（见表 2-3-2），如用在标签名两侧的小于号（<）和大于号（>），这类字符在 HTML 中都有特殊的作用，因此，文本如果使用就会被浏览器误以为是 HTML 的特殊标记。

但现实中这些字符也是文本经常使用的，因此，HTML5 就为这些字符设定了特殊的表达格式，如空格用 ；来代替。

表 2-3-2 HTML 的特殊字符（部分）

显　示	描　述	代　码	编　号
	空格		
¢	分	¢	¢
£	磅	£	£
￥	元	¥	¥
©	版权	©	©
®	注册商标	®	®
×	乘号	×	×
÷	除号	÷	÷
"	双引号	"	"
&	和号	&	&
'	单引号	'	'
<	小于号	<	<
>	大于号	>	>
€	欧元	€	€
™	商标	™	™

相关知识点 5　HTML5 文档结构标签

HTML5 文档结构标签的作用是使网页页面结构更加规范和清晰，并且更加有利于 SEO 搜索引擎检索，这类标签在使用时并不影响页面内容的显示。HTML5 文档结构标签中，比较常用的包括 <header>、<nav>、<main>、<aside>、<section>、<article>、<figure>、<figcaption>、<footer> 等。这些 HTML5 文档结构标签构建的页面结构图如图 2-3-23 所示。

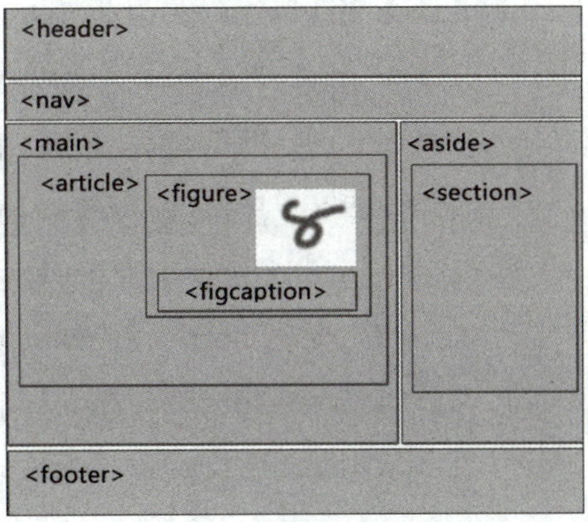

图 2-3-23　文档结构标签构建的页面结构图

任务实施

视频
制作新闻页面讲解

按照任务要求，编写 HTML 和 CSS 文件，本任务希望学生了解 HTML5 文本标签的具体应用，因此，学生要重点了解网页文件的代码，CSS 样式表文件的代码仅供参考，不做学习要求。

（1）HTML 文件参考代码：

```
<!DOCTYPE html>
<html>
    <head>
        <meta charset="utf-8"/>
        <title></title>
        <link rel="stylesheet" type="text/css" href="css/css.css"/>
    </head>
    <body>
        <nav>
```

```
        <ul>
            <li><a href="https://news.qq.com/"><b>要闻</b></a></li>
            <li><a href="https://news.qq.com/">黑龙江</a></li>
            <li><a href="https://news.qq.com/">娱乐</a></li>
            <li><a href="https://news.qq.com/">体育</a></li>
            <li><a href="https://news.qq.com/">NBA</a></li>
            <li><a href="https://news.qq.com/">军事</a></li>
            <li><a href="https://news.qq.com/">国际</a></li>
            <li><a href="https://news.qq.com/">科技</a></li>
            <li><a href="https://news.qq.com/">财经</a></li>
            <li><a href="https://news.qq.com/">汽车</a></li>
            <li><a href="https://news.qq.com/">游戏</a></li>
            <li><a href="https://news.qq.com/">时尚</a></li>
        </ul>
    </nav>
    <main>
        <article>
            <header>
                <h1>稻田画出"乡村振兴图"</h1>
            </header>
            <p>在中国寒地香米之乡——绥化市北林区的国家区域性
水稻良种繁育基地，以田为纸，以稻为笔，以"香米产业发展促进农民增收带动乡村振兴"
为主题，用不同颜色的水稻，采取立体、镂空、线条绘制了一幅精美的3D稻田画。</p>
            <p>稻田画以绿色为底，配上黑、红、黄三种色彩，福
兔迎丰年，喜迎盛景的火车开往远方，预示着人民过上幸福的美好生活，映照出劳动人
民的智慧，织绘出人们对丰收的希冀，展示了乡村振兴的生动图景。</p>
            <figure>
                <img src="img/daotian.jpg" width="500px"
height="270px"/><br/>
                <figcaption>（3D稻田画）</figcaption>
            </figure>
```

```
                </article>
            </main>
            <br/>
            <footer>
                <pre>版权&copy;黑龙江日报    
<i>作者: 董舒宇 董新英</i></pre>
            </footer>
        </body>
    </html>
```

（2）CSS 文件参考代码：

```
ul{
    list-style: none;
}
ul li{
    float: left;
    padding: 0 20px;
}
a:link{
    font-size: 14px;
    color: dimgrey;
    text-decoration: none;
}
a:visited{
    font-size: 14px;
    color: dimgrey;
    text-decoration: none;
}
a:hover{
    font-size: 14px;
    color: dimgrey;
    text-decoration: none;
}
a:active{
```

```
    font-size: 14px;
    color: dimgrey;
    text-decoration: none;
}
h1{
    text-align: center;
}
p{
    font-size: 14px;
    color: #696969;
    line-height: 24px;
    text-indent: 28px;
}
figure{
    text-align: center;
}
figcaption{
    font-size: 10px;
    color: #696969;
}
```

（3）任务实现效果图：任务实现效果如图 2-3-24 所示。

图 2-3-24　新闻页面实现效果图

课外拓展

相关知识点　<b> 标签和 <strong> 标签的区别

<b> 标签和 <strong> 标签在页面效果上大致相同，都是加粗效果，但 <strong> 标签是一个逻辑标签，其作用是强调文字，不过选择的强调样式是粗体；而 <b> 标签是实体标签，其作用仅为加粗文字。

一般情况下，搜索引擎更关注 <strong> 标签下的关键词，因此，从 SEO 的角度来说，<strong> 标签更受欢迎。但是，如果页面上有太多的 <strong> 标签，也会不利于排名，所以 <strong> 标签也要尽量少用。

任务评价

课程名称：网页设计与制作		授课地点：		
学习任务 3：制作新闻页面（文本标签）		授课教师：	授课学时：	
课程性质：理实一体课程		综合评分：		
知识掌握情况评分（10分）				
序号	知识考核点	教师评价	分数	得分
1	掌握文本标签的使用技巧		5	
2	能完成网页制作，实现全部效果		5	
工作任务完成情况评分（60分）				
序号	能力操作考核点	教师评价	分数	得分
1	项目完成质量		30	
2	程序排错能力		10	
3	与组员的团队配合精神、协调能力		10	
4	精神面貌、专业自信、工匠精神、职业素养		10	

续表

课堂表现情况评分（20分）				
序号	课堂表现考核点	教师评价	分数	得分
1	课堂考勤		10	
2	课堂过程表现		10	
任务总结反思（10分）				

学习任务 4

制作“中国人、飞天梦”页面（区块标签＋图像标签）

任务要求

编写“中国人、飞天梦”页面，学习 HTML5 区块标签和图像标签的综合应用，通过完成任务掌握其使用技巧。

任务分析

（1）此任务为制作一个“中国人、飞天梦”页面，内容包含文本、图片，制作过程应用多种标签，并使用 CSS 样式表文件对页面进行美化。

（2）代码主要分为两个部分：一个为网页文件代码，另一个为 CSS 样式表文件代码。

（3）在网页文件代码的 <head>…</head> 标签中使用 <link/> 标签将 CSS 样式表文件和网页文件进行关联。

学习准备

相关知识点 1　HTML5 区块标签

1. <div> 标签

标签说明：是一个块标签，用来定义一个区域，是布局网页最常用的标签。

使用格式：<div> 页面内容 </div>。

例如：

```
<body>
    <div><h1>影响脑干细胞寿命的关键蛋白确定</h1></div>
    <div>根据美国罗格斯大学的研究，一种最初被确定为胰岛素活动所必需的受
体，对脑干细胞的寿命至关重要。</div>
</body>
```

页面效果如图 2-4-1 所示。

图 2-4-1　<div> 标签效果图

2. <span> 标签

标签说明：是一个行内标签，用于对文档中的行内元素进行组合。

使用格式：<span> 页面内容 </span>。

例如：

```
<body>
    HTML 的全称为 <span>超文本标记语言</span>，是一种标记语言。
</body>
```

页面效果如图 2-4-2 所示。

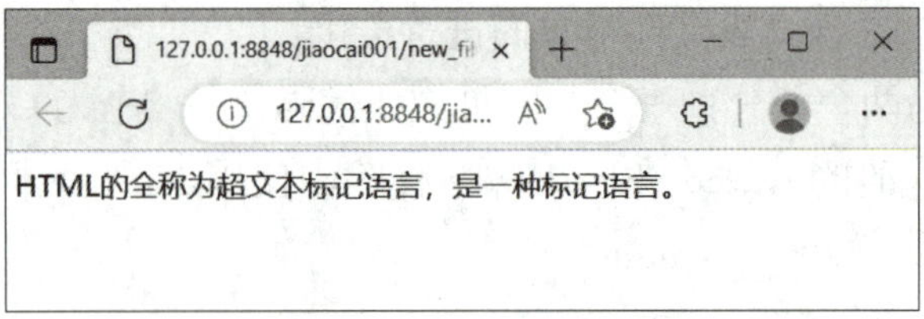

图 2-4-2　<span> 标签效果图

注意： <span> 标签和 <div> 标签的用法类似，但因为是行内标签，所以没有默认的换行效果。

相关知识点 2　HTML5 图像标签

<img/> 标签创建了一个容器，用于定义 HTML 页面中的图像，其语法格式如下：

```
<img src="图片路径" alt="图像替代文本"/>
```

<img> 标签是一个单标签，在使用时可以用一些属性设置图片的属性，其中一些常用的属性如下：

（1）src 属性。该属性是 <img/> 标签的必要属性，作用为设置图片的路径。

（2）alt 属性。该属性是 <img/> 标签的必要属性，作用为设置图片缺失时的替换文本。

（3）width 属性。该属性的作用为设置图片的宽度。

（4）height 属性。该属性的作用为设置图片的高度。

例如：

```
<body>
    <img src="img/dingxiang01.jpeg" alt="图片走丢了…" width="300px"
height="260px"/>
</body>
```

页面效果如图 2-4-3 所示。

图 2-4-3　<img/> 标签效果图

视频
制作“中国人、飞天梦”页面讲解

任务实施

按照任务要求，编写 HTML 和 CSS 文件，本任务希望学生了解 HTML5 区块标签和图像标签的具体应用，因此，学生要重点了解网页文件的代码，CSS样式表文件的代码仅供参考，不做学习要求。

（1）HTML文件参考代码：

```
<!DOCTYPE html>
<html>
  <head>
      <meta charset="utf-8"/>
      <title></title>
      <link rel="stylesheet" type="text/css" href="css/css02.css"/>
  </head>
  <body>
      <div class="div-top">
          <img src="img/logo.png"/>
      </div>
      <hr/><br/><br/>
      <div class="div-content">
          <div class="div-img1">
            <img src="img/003.jpg" alt=" 图片丢失 " width="300px" height="200px"/>
            神舟十四号航天员乘组在轨拍摄照片
          </div>
          <div class="div-img1">
            <img src="img/004.jpg" alt=" 图片丢失 " width="300px" height="200px"/>
            神舟十四号航天员乘组在轨拍摄照片
          </div>
          <div class="div-img2">
            <img src="img/005.jpg" alt=" 图片丢失 " width="300px" height="200px"/>
            神舟十四号航天员乘组在轨拍摄照片
          </div>
      </div>
  </body>
</html>
```

（2）CSS文件参考代码：

```
.div-top{
   margin: 0 auto;
   height: 100px;
```

```
    padding-left: 20px;
    padding-top: 30px;
    width: 1020px;
}
.div-content{
    margin: 0 auto;
    width: 940px;
    height: 260px;
    padding-top: 20px;
    padding-left: 20px;
    background-color: gainsboro;
}
.div-img1{
    float: left;
    padding-right: 10px;
    width: 300px;
    height: 240px;
    background-color: white;
    font-size: 16px;
    color: #483D8B;
    text-align: center;
}
.div-img2{
    float: left;
    width: 300px;
    height: 240px;
    background-color: white;
    font-size: 16px;
    color: #483D8B;
    text-align: center;
}
```

（3）任务实现效果图：任务实现效果如图 2-4-4 所示。

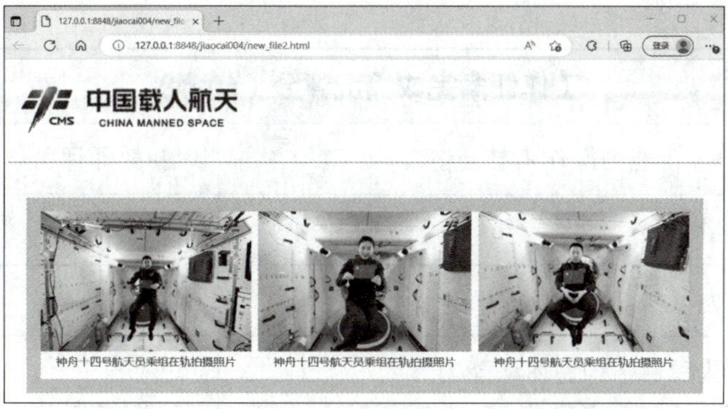

图 2-4-4 “中国人、飞天梦”页面效果图

课外拓展

相关知识点　网页常用图片格式

网页常用图片格式有 JPG、GIF 和 PNG 等。

（1）JPG 图片。JPG 即 JPEG（joint photographic experts group），是一种图片格式，JPG 图片的扩展名为 .jpg 或 .jpeg。JPG 图片会对图像进行有损压缩，所以会对图片质量有所损害，但 JPG 图片体积小、兼容性好，因此是网页常用的图片格式。

（2）GIF 图片。GIF 图片是一种位图文件，扩展名为 .gif。该文件最大的特点就是体积小，非常适合在网页上应用，因此，GIF 图片也是网页中应用较多的图片，但是 GIF 图片最多只存储 256 色，因此它只适合颜色较少的图像，也常用来制作简单的动态图。

（3）PNG 图片。PNG 图片即便携式网络图形，扩展名为 .png。该文件采用无损压缩算法，因此图片具有体积小且质量较高的优点，但它不支持动态图，另外在较低版本的浏览器上支持较差。

任务评价

<table>
<tr><th colspan="2">课程名称：网页设计与制作</th><th colspan="3">授课地点：</th></tr>
<tr><td colspan="2">学习任务 4：制作“中国人、飞天梦”页面（区块标签 + 图像标签）</td><td>授课教师：</td><td colspan="2">授课学时：</td></tr>
<tr><td colspan="2">课程性质：理实一体课程</td><td colspan="3">综合评分：</td></tr>
<tr><th colspan="5">知识掌握情况评分（10分）</th></tr>
<tr><td>序号</td><td>知识考核点</td><td>教师评价</td><td>分数</td><td>得分</td></tr>
<tr><td>1</td><td>掌握区块标签的使用方法</td><td></td><td>5</td><td></td></tr>
<tr><td>2</td><td>掌握图像标签的使用方法</td><td></td><td>5</td><td></td></tr>
</table>

续表

工作任务完成情况评分（60分）				
序号	能力操作考核点	教师评价	分数	得分
1	项目完成质量		30	
2	程序排错能力		10	
3	与组员的团队配合精神、协调能力		10	
4	精神面貌、专业自信、工匠精神、职业素养		10	
课堂表现情况评分（20分）				
序号	课堂表现考核点	教师评价	分数	得分
1	课堂考勤		10	
2	课堂过程表现		10	
任务总结反思（10分）				

学习任务 5

制作“冰雪大世界”页面（列表标签＋超链接标签）

任务要求

编写“冰雪大世界”页面，学习 HTML5 列表标签和超链接标签的综合应用，通过完成任务掌握其使用技巧。

任务分析

（1）此任务为制作一个“冰雪大世界”页面，内容包含文本、图片和视频，制作过程应用多种标签，并使用 CSS 样式表文件对页面进行美化。

（2）代码主要分为两个部分，一个为网页文件代码，另一个为 CSS 样式表文件代码。

（3）在网页文件代码的 <head>…</head> 标签中使用 <link/> 标签将 CSS 样式表文件和网页文件进行关联。

学习准备

相关知识点 1　HTML5 列表标签

1. <ul> 标签

<ul> 标签用来定义一个无序列表，需和 <li> 标签一起使用。其使用格式如下：

```
<ul>
    <li> 列表项 1</li>
    <li> 列表项 2</li>
    ……
</ul>
```

例如：

```
<body>
    待办事项:
    <ul>
          <li> 约谈客户 </li>
          <li> 产品研发讨论会 </li>
          <li> 面试人员 </li>
    </ul>
</body>
```

页面效果如图 2-5-1 所示。

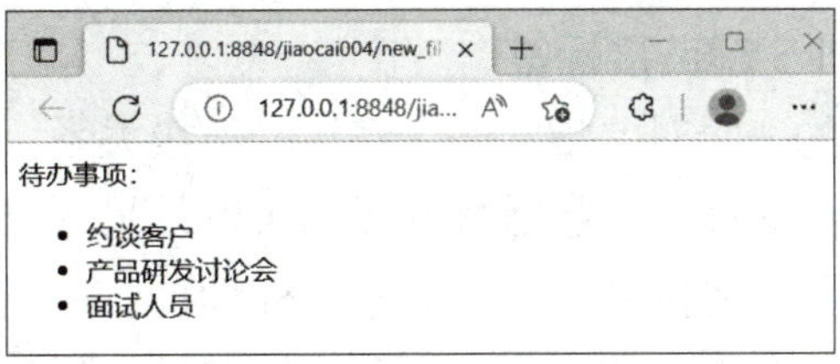

图 2-5-1　<ul> 标签效果图

2. <ol> 标签

<ol> 标签用来定义一个有序列表，需和 <li> 标签一起使用。其使用格式如下：

```
<ol>
    <li> 列表项 1</li>
    <li> 列表项 2</li>
    ……
</ol>
```

例如：

```
<body>
        一、经费支出：
        <ol>
            <li> 设备费 </li>
            <li> 材料费 </li>
            <li> 测试化验加工费 </li>
        </ol>
</body>
```

页面效果如图 2-5-2 所示。

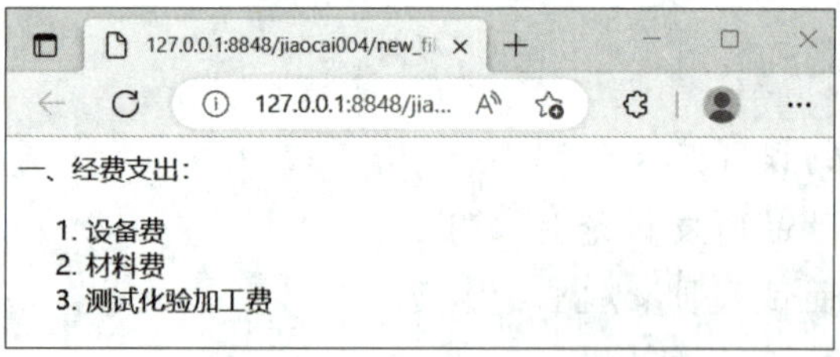

图 2-5-2 <ol> 标签效果图

3. <li> 标签

<li> 标签用来定义一个列表项目，在 <ul> 标签和 <ol> 标签中使用。

相关知识点 2 HTML5 超链接标签

超链接是指从网页中的一个对象指向一个目标的连接关系，网页中可以设置为超链接的对象可以是一段文字或一张图片；超链接的目标可以是另一个网页，也可以是同一个网页上的不同位置，还可以是一张图片、一个电子邮件地址、一个文件，甚至是一个应用程序。浏览者单击被设置为超链接的文字或图片后，将会打开或运行超链接的目标内容。

1. 超链接的语法格式

超链接的语法格式如下：

```
<a href="超链接的目标连接关系" target="目标窗口弹出的方式"> 文本或图像 </a>
```

<a> 标签用来定义一个超链接，href 和 target 为其重要的属性。

（1）href 属性：<a> 标签的必要属性，其值为超链接的目标连接关系。

（2）target 属性：目标窗口弹出的方式，取值可以为“_self”和“_blank”两种，“_self”表示在当前页打开，是 target 属性的默认取值，“_blank”表示在新窗口打开。

例如：

```
<body>
    单击这里可以跳转到<a href="https://www.baidu.com/" target="_
blank">百度</a>网。
</body>
```

页面效果如图 2-5-3 所示。

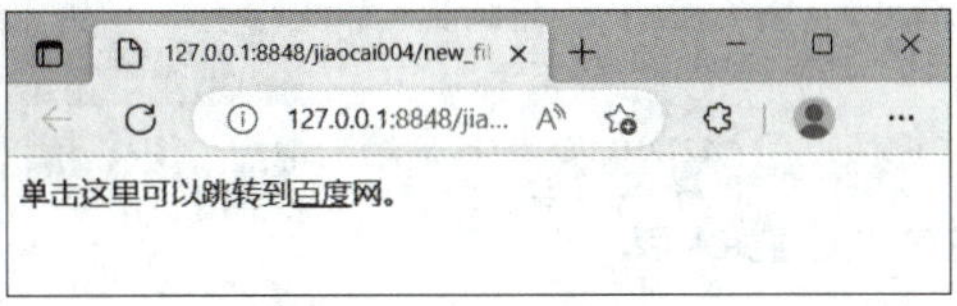

图 2-5-3 <a> 标签效果图

说明：在浏览以上网页时，单击“百度”超链接，将会在新窗口中打开百度网站。

2. 链接分类

（1）外部链接：指链接目标是其他网站的网页。

（2）内部链接：指链接目标是网站内部其他网页，此时 href 属性的值为网站内部其他网页的路径。

例如：

```
<body>
    单击这里可以跳转到<a href="login/login.html" target="_self">
登录</a>页面。
</body>
```

页面效果如图 2-5-4 所示。

图 2-5-4 <a> 标签制作的内部链接效果图

说明：在浏览以上网页时，单击“登录”超链接，将会在当前窗口中打开自己网站内的 login 文件夹内的名为 login.html 的登录网页。

（3）空链接：指暂时没有确定链接目标，但可以设置出链接的显示效果，此时将 href 属性设置为“#”即可。

（4）下载链接：指链接目标是一个具体文件，单击该链接可以把文件下载到客户端，此时 href 属性的值为文件的路径。

例如：

```
<body>
    单击这里可以 <a href="doc/wenjianbao01.rar" target="_self">下载 </a> 完整版。
</body>
```

页面效果如图 2-5-5 所示。

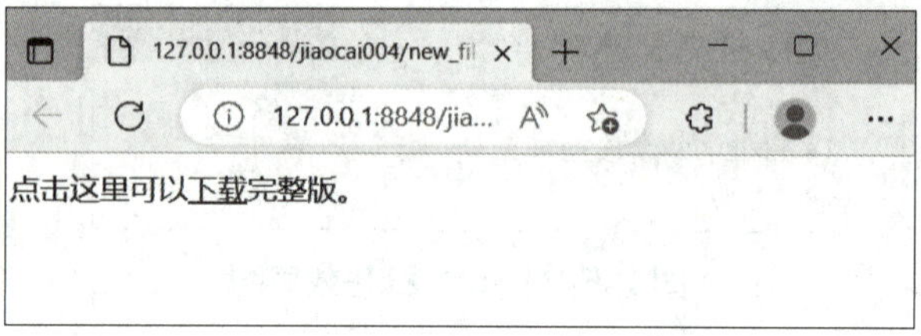

图 2-5-5 <a> 标签制作的下载链接效果图

说明：在浏览以上网页时，单击“下载”超链接，可以将压缩文件下载到客户端。

（5）图片链接：网页中将图片作为超链接对象。

例如：

```
<body>
    单击下面图片可以浏览更多冰雪大世界图片……<br/><br/>
    <a href="snow.html" target="_self"><img src="img/bannar.png" width="312px" height="208px"/></a>
</body>
```

页面效果如图 2-5-6 所示。

图 2-5-6 <a> 标签制作的图片链接效果图

说明：在浏览以上网页时，单击图片会打开新的网页。

（6）锚点链接：链接目标是本网页的其他位置。需要提前在目标位置处设置锚点，然后将超链接的 href 属性设置为该锚点。

例如：

```
<body>
    <p id="top">单击下面图片可以浏览更多冰雪大世界图片……</p><br/><br/>
    <a href="snow.html" target="_self"><img src="img/bannar.
png" width="312px" height="208px"/></a>
    <br/><br/><br/><br/>
    <a href="#top">单击这里跳转回页面顶部</a>
</body>
```

页面效果如图 2-5-7 所示。

图 2-5-7　<a> 标签制作的锚点链接效果图

说明：在浏览以上网页时，单击网页底部的超链接，网页会跳转回顶部。

任务实施

按照任务要求，编写 HTML 和 CSS 文件，本任务希望学生了解 HTML5 列表标签和超链接标签的具体应用，因此，学生要重点了解网页文件的代码，CSS 样式表文件的代码仅供参考，不做学习要求。

视频
制作“冰雪大世界”页面讲解

（1）HTML 文件参考代码：

```
<!DOCTYPE html>
<html>
    <head>
        <meta charset="utf-8"/>
```

```
        <title></title>
        <link rel="stylesheet" type="text/css" href="css/
snow.css"/>
    </head>
    <body>
        <div class="div01"><img src="img/logo.jpg"></div>
        <hr/>
        <div class="div01"><img src="img/bannar.png"
width="500px" height="334px"></div><br/>
        <div class="div02">采购中标通知</div><br/>
        <div class="div03"><a href="#">哈尔滨冰雪大世界股份有限
公司补充医疗保险采购公告</a></div><hr/>
        <div class="div03"><a href="#">2020年第九届中国·哈尔
滨国际组合冰雕比赛和第三十四届哈尔滨国际单体冰雕比赛服务项目（哈产采（2019）
第127号）</a></div><hr/>
        <div class="div03"><a href="#">哈尔滨市拍卖行拍卖公告
</a></div><hr/>
    </body>
</html>
```

（2）CSS文件参考代码：

```
.div01{
    width: 1000px;
    margin: 0 auto;
    text-align: center;
}
hr{
    border-top: 1px;
}
.div02{
    width: 1000px;
    margin: 0 auto;
    text-align: center;
    font-size: 14px;
    line-height: 24px;
    color: darkgrey;
}
```

```
.div03{
   width: 800px;
   height: 30px;
   margin: 0 auto;
   font-size: 14px;
   line-height: 24px;
   color: darkgrey;
}
a:link{
   color: blue;
   text-decoration: none;
}
a:visited{
   color: darkgrey;
   text-decoration: none;
}
a:hover{
   color: red;
   text-decoration: none;
}
```

（3）任务实现效果图：任务实现效果如图 2-5-8 所示。

图 2-5-8 “冰雪大世界”页面效果图

课外拓展

相关知识点　链接的绝对地址和相对地址

1. 绝对地址

在任何网站通过独立地址均可以直接到达目标网页。绝对地址包含主域名和目录地址，只包含本地路径的网页地址通常以“/”和“../”表示层级关系。例如，https://www.baidu.com/home。

2. 相对地址

相对地址是指被链接文件相对于当前页面的地址。例如，<a href="news/003.html"> 哈尔滨市拍卖行拍卖公告 </a>。

3. 绝对地址和相对地址各自的优缺点

相对地址代码简洁、使用方便，但却很容易导致断链、无效链接的存在。

绝对地址最大的优点是不管链接出现在页面哪个位置，单击后都能正常打开，但是对于系统而言，如果都设置成绝对地址，在代码简洁和流畅性方面不太友好。

任务评价

<table>
<tr><th colspan="2">课程名称：网页设计与制作</th><th colspan="3">授课地点：</th></tr>
<tr><td colspan="2">学习任务 5：制作“冰雪大世界”页面（列表标签 + 超链接标签）</td><td>授课教师：</td><td colspan="2">授课学时：</td></tr>
<tr><td colspan="2">课程性质：理实一体课程</td><td colspan="3">综合评分：</td></tr>
<tr><th colspan="5">知识掌握情况评分（10分）</th></tr>
<tr><td>序号</td><td>知识考核点</td><td>教师评价</td><td>分数</td><td>得分</td></tr>
<tr><td>1</td><td>掌握列表标签的使用方法</td><td></td><td>5</td><td></td></tr>
<tr><td>2</td><td>掌握超链接标签的使用方法</td><td></td><td>5</td><td></td></tr>
<tr><th colspan="5">工作任务完成情况评分（60分）</th></tr>
<tr><td>序号</td><td>能力操作考核点</td><td>教师评价</td><td>分数</td><td>得分</td></tr>
<tr><td>1</td><td>项目完成质量</td><td></td><td>30</td><td></td></tr>
<tr><td>2</td><td>程序排错能力</td><td></td><td>10</td><td></td></tr>
<tr><td>3</td><td>与组员的团队配合精神、协调能力</td><td></td><td>10</td><td></td></tr>
<tr><td>4</td><td>精神面貌、专业自信、工匠精神、职业素养</td><td></td><td>10</td><td></td></tr>
</table>

续表

课堂表现情况评分（20分）				
序号	课堂表现考核点	教师评价	分数	得分
1	课堂考勤		10	
2	课堂过程表现		10	
任务总结反思（10分）				

学习任务 6

制作“成绩查询结果”页面（表格标签）

任务要求

编写“成绩查询结果”页面，学习 HTML5 表格标签的综合应用，通过完成任务掌握其使用技巧。

任务分析

（1）此任务为制作一个“成绩查询结果”页面，内容包含文本和表格，制作过程应用多种标签，并使用 CSS 样式表文件对页面进行美化。

（2）代码主要分为两个部分，一个为网页文件代码，另一个为 CSS 样式表文件代码。

（3）在网页文件代码的 <head>…</head> 标签中使用 <link> 标签将 CSS 样式表文件和网页文件进行关联。

学习准备

相关知识点　HTML5 表格标签

1. 表格标签的格式

HTML5 设计表格是由多个标签共同配合完成的，其中包括 <table>、<caption>、<tr>、

<td> 和 <th> 标签。这些标签作用不同，其具体作用如表 2-6-1 所示。

表 2-6-1　表格标签的作用

标　签	作　用
<table>	定义表格
<caption>	定义表格标题（可选）
<tr>	定义表格行
<td>	定义单元格
<th>	定义单元格（和 td 相同，但显示效果不同，常用于表格的列标题）

表格标签的使用格式如下：

```
<table>
    <caption> 表格标题 </caption>
    <tr>
          <th> 列标题 1</th>
          <th> 列标题 2</th>
          ……
    </tr>
    <tr>
          <td> 内容 1</td>
          <td> 内容 2</td>
          ……
    </tr>
</table>
```

例如：

```
<table border="1px">
    <caption> 学生人数统计表 </caption>
    <tr>
          <th> 序号 </th>
          <th> 班级名 </th>
          <th> 人数 </th>
    </tr>
```

```
    <tr>
            <td>1</td>
            <td> 网络 1 班 </td>
            <td>34</td>
    </tr>
    <tr>
            <td>2</td>
            <td> 网络 2 班 </td>
            <td>32</td>
    </tr>
    <tr>
            <td>3</td>
            <td> 网络 3 班 </td>
            <td>28</td>
    </tr>
</table>
```

页面效果如图 2-6-1 所示。

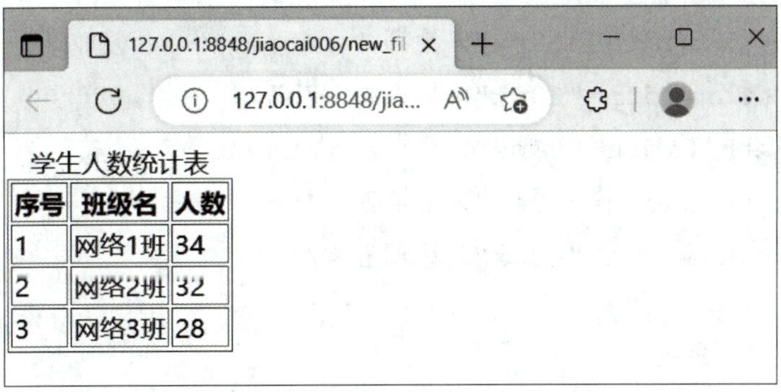

图 2-6-1　表格标签的效果图

2. 表格标签的属性

（1）border 属性：用来定义表格边框线的粗细，当取值为 0 时表格无边框。

（2）cellspacing 属性：用来定义单元格之间的距离。

（3）cellpadding 属性：用来定义单元格边沿和其内容之间的距离。

cellspacing 属性和 cellpadding 属性的设置效果如图 2-6-2 所示。

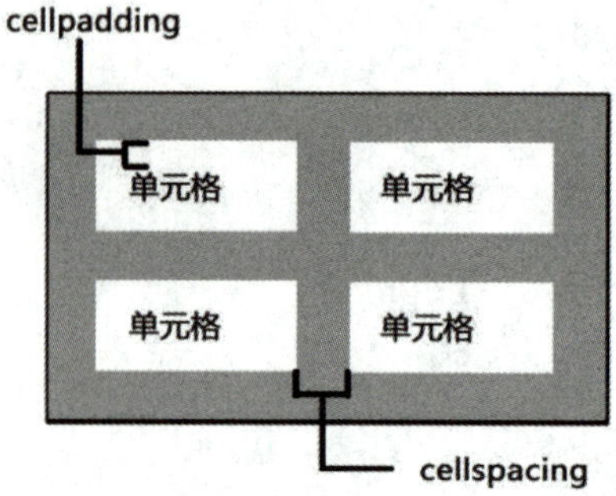

图 2-6-2　cellpadding 和 cellspacing 属性示意图

（4）width 属性：用来定义表格或单元格的宽度。

（5）height 属性：用来定义表格或单元格的高度。

（6）rowspan 属性：用来实现单元格的跨行合并效果。

（7）colspan 属性：用来实现单元格的跨列合并效果。

（8）bgcolor 属性：用来设置表格或单元格的背景颜色。

例如：

```
<table border="1px">
    <caption><strong> 四年二班课程表 </strong></caption>
    <tr height="40px" bgcolor="darkgray">
            <th width="60px"></th>
            <th width="60px"> 星期一 </th>
            <th width="60px"> 星期二 </th>
            <th width="60px"> 星期三 </th>
            <th width="60px"> 星期四 </th>
            <th width="60px"> 星期五 </th>
    </tr>
    <tr>
            <td rowspan="2"> 上午 </td>
            <td> 语文 </td>
            <td> 数学 </td>
            <td> 英语 </td>
            <td> 音乐 </td>
            <td> 美术 </td>
    </tr>
    <tr>
```

```
            <td> 数学 </td>
            <td> 英语 </td>
            <td> 语文 </td>
            <td> 体育 </td>
            <td> 生物 </td>
        </tr>
        <tr>
            <td rowspan="2"> 下午 </td>
            <td> 英语 </td>
            <td> 语文 </td>
            <td> 数学 </td>
            <td rowspan="2" colspan="2"> 自习 </td>
        </tr>
        <tr>
            <td> 物理 </td>
            <td> 化学 </td>
            <td> 历史 </td>
        </tr>
    </table>
```

页面效果如图 2-6-3 所示。

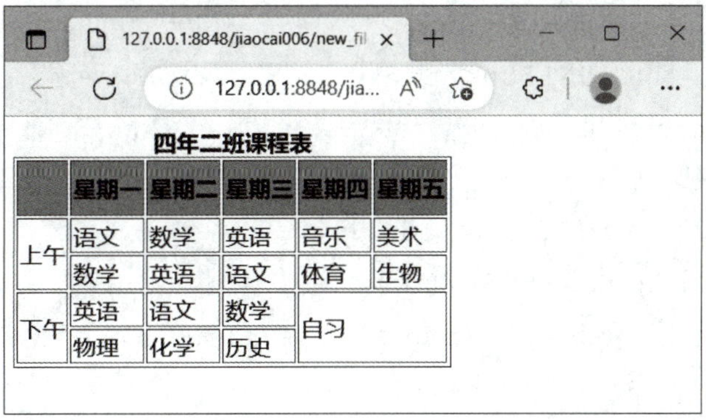

图 2-6-3　bgcolor、rowspan 和 colspan 属性效果图

3. 表格分组标签

表格分组标签本身并不能用来制作表格，其作用是对表格内容进行分组，起到标记作用。

（1）<thead> 标签：用来定义表格表头。

（2）<tbody> 标签：用来定义表格主体。

（3）<tfoot> 标签：用来定义表格页脚。

例如：

```
<table border="1px">
   <thead>
         <tr>
               <th> 月份 </th>
               <th> 收入 </th>
               <th> 支出 </th>
               <th> 利润 </th>
         </tr>
   </thead>
   <tbody>
         <tr>
               <td> 一月 </td>
               <td>1000</td>
               <td>300</td>
               <td>700</td>
         </tr>
         <tr>
               <td> 二月 </td>
               <td>2000</td>
               <td>300</td>
               <td>1700</td>
         </tr>
         <tr>
               <td> 三月 </td>
               <td>1500</td>
               <td>400</td>
               <td>1100</td>
         </tr>
   </tbody>
   <tfoot>
         <tr>
               <td> 合计 </td>
               <td>4500</td>
```

```
                <td>1000</td>
                <td>3500</td>
            </tr>
        </tfoot>
    </table>
```

页面效果如图 2-6-4 所示。

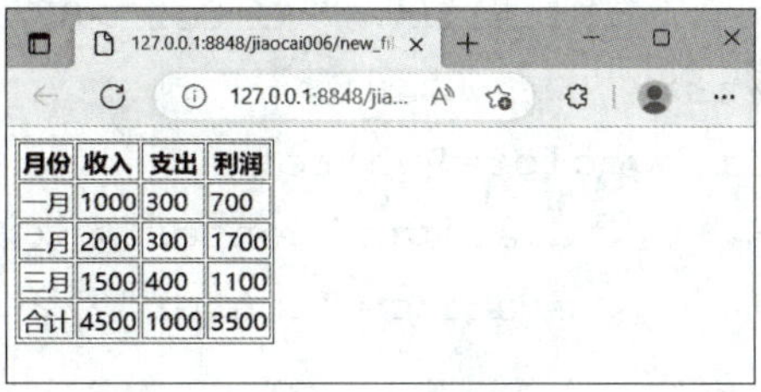

图 2-6-4 <thead>、<tbody> 和 <tfoot> 标签效果图

视频
制作“成绩查询结果”页面讲解

任务实施

按照任务要求，编写 HTML 和 CSS 文件，本任务希望学生了解 HTML5 表格标签的具体应用，因此，学生要重点了解网页文件的代码，CSS 文件的代码仅供参考，不做学习要求。

（1）HTML 文件参考代码：

```
    <!DOCTYPE html>
    <html>
        <head>
            <meta charset="utf-8"/>
            <title></title>
            <link rel="stylesheet" type="text/css" href="css/
chengji.css"/>
        </head>
        <body>
            <div class="cx">成绩查询结果</div>
            <br/><br/>
            <table border="0px" cellspacing="1px" cellpadding="3px"
bgcolor="#5F9EA0" align="center">
                <tr height="30px" align="center" bgcolor="gainsboro">
                    <th width="100px">科目</th>
                    <th width="150px">分数</th>
```

```
            </tr>
            <tr bgcolor="white">
                <td align="center">高等数学</td>
                <td align="center">103</td>
            </tr>
            <tr bgcolor="white">
                <td align="center">英语</td>
                <td align="center">83</td>
            </tr>
            <tr bgcolor="white">
                <td align="center">政治</td>
                <td align="center">79</td>
            </tr>
            <tr bgcolor="white">
                <td align="center">专业课综合</td>
                <td align="center">123</td>
            </tr>
            <tr bgcolor="white">
                <td align="center">总分</td>
                <td align="center">388</td>
            </tr>
        </table>
    </body>
</html>
```

（2）CSS 文件参考代码：

```
body{
    margin: 0 0;
}
.cx{
    background-color: cadetblue;
    font-size: 26px;
    height: 200px;
    line-height: 200px;
    color: white;
    text-align: center;
}
```

（3）任务实现效果图：任务实现效果如图 2-6-5 所示。

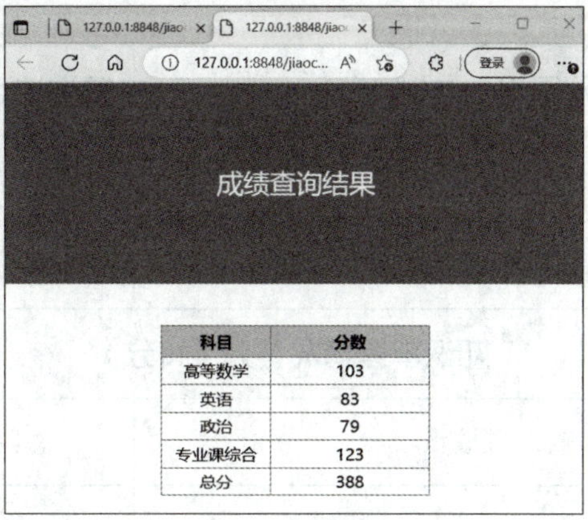

图 2-6-5 “成绩查询结果”页面效果图

课外拓展

相关知识点　常用网页单位

1. px

px 单位的名称为像素，它是一个固定大小的单元，像素的计算是针对计算机或移动终端屏幕的，一个像素（1 px）就是计算机或移动终端屏幕上的一个点，即屏幕分辨率的最小分割。由于它是固定大小的单位，单独用它来设计的网页如果适应大屏幕（计算机），在小屏幕（移动终端）上就会很不友好，达不到自适应的效果。

2. em

em 单位用得也比较多，特别是国外；em 单位的名称为相对长度单位，它是用来设置文本的字体尺寸的，相对于父级元素对象内文本的字体尺寸；如果没有人为设置当前对象内文本的字体尺寸，那么它相对的是浏览器默认的字体尺寸（16 px）。

3. rem

rem 是 CSS3 新增的一个相对长度单位，它的出现是为了解决 em 的缺点。em 可以说是相对于父级元素的字体大小，当父级元素字体大小改变时，需要重新计算。rem 的出现可以解决这样的问题，rem 只相对于根目录，即 HTML 元素。所以只要在 html 标签上设置字体大小，文档中的字体大小都会以此为参照标准，一般用于自适应布局。

4. %

%（百分比）也很常见，它和 em 差不多，都是相对于父级元素的。但 % 可以在很多属性中使用，如 width、height、font-size 等。而 em 是用来设置字体大小（font-size）的单位，width、height 等属性是没有 em 单位的。

一般来说，1 em=1 rem=100%=16 px 字体单位。

任务评价

课程名称：网页设计与制作		授课地点：		
学习任务 6: 制作“成绩查询结果”页面（表格标签）		授课教师：	授课学时：	
课程性质：理实一体课程		综合评分：		
知识掌握情况评分（10分）				
序号	知识考核点	教师评价	分数	得分
1	掌握制作表格的方法		5	
2	能完成网页制作，实现全部效果		5	
工作任务完成情况评分（60分）				
序号	能力操作考核点	教师评价	分数	得分
1	项目完成质量		30	
2	程序排错能力		10	
3	与组员的团队配合精神、协调能力		10	
4	精神面貌、专业自信、工匠精神、职业素养		10	
课堂表现情况评分（20分）				
序号	课堂表现考核点	教师评价	分数	得分
1	课堂考勤		10	
2	课堂过程表现		10	
任务总结反思（10分）				

课后习题

1. (　　) 为没有语义的文本标签。

A. <sup>　　B. <sub>　　C. <span>　　D. <em>

2. (　　) 为无序列表标签。

A. <ol>　　B. <ul>　　C. <list>　　D. <dl>

3. (　　) 为表格标签行。

A. <tr>　　B. <th>　　C. <td>　　D. <tfoot>

4. (　　) 为页面主体标签。

A. <html>　　B. <head>　　C. <body>　　D. <title>

5. 表格中设置单元格间距的属性是 (　　)。

A. cellpadding　　B. cellspacing　　C. width　　D. height

6. 表格中设置单元格垂直对齐的属性为 (　　)。

A. align　　B. valign　　C. middle　　D. center

7. (　　) 为常见的块级标签水平线。

A. <p>　　B. <blockquote>

C. <hr/>　　D. <pre>

8. (　　) 用于包裹一部分文字，进行特定样式修改。

A. strong　　B. img　　C. span　　D. em

9. 用图片链接到网址的超链接为 (　　)。

A. <a href="/www.baidu.com" target="_blank"> 百度 </a>

B. <a href=" 相对路径 "> 单击进入 html</a>

C. <a href="http://www.baidu.com"><img src="img/01.jpg"/></a>

D. <base href="" target="_blank"/>

10. 使用 <img/> 标签定义 HTML 页面中的图像 , 图像标签 <img/> 有 (　　) 两个必要的属性。

A. 源属性 src 和 alt

B. 高度与宽度

C. 图像的对齐方式与高度

D. URL 地址和 alt

项目 3 HTML5表单

表单是网页中非常重要的元素，它主要用来收集用户信息，使网页具有交互功能。HTML 的表单元素种类很多，功能非常强大，HTML5 在原有表单元素的基础上又增加了一部分新的元素和属性。我们将在本项目中详细介绍 HTML5 的各种表单元素及其常用属性。本项目知识结构如下：

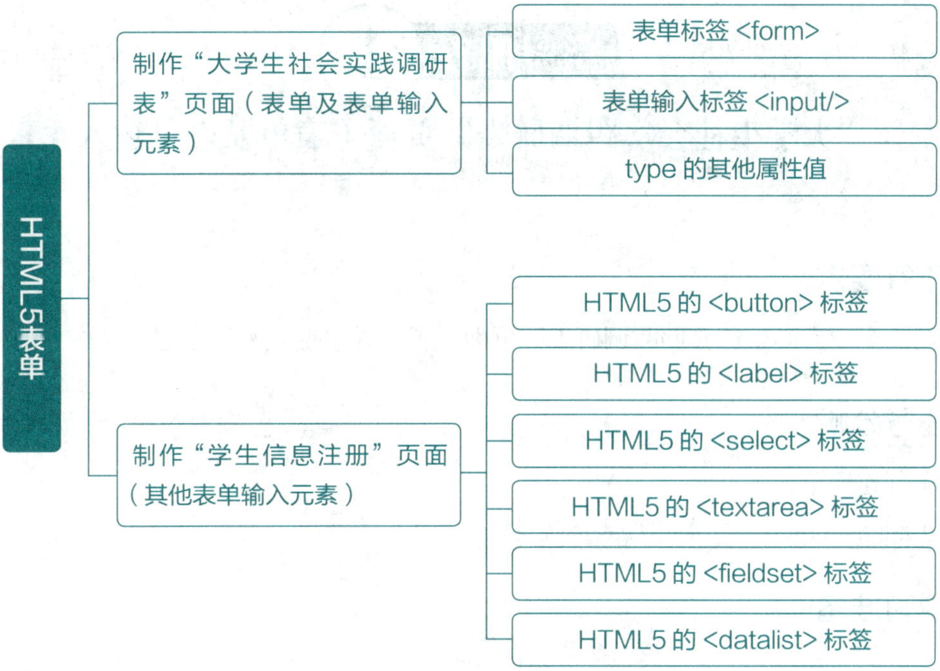

项目目标

知识目标

- 掌握 HTML5 表单的基本概念。
- 掌握 CSS 字体样式、文本样式、边框样式及背景样式的设置方法。
- 掌握表单输入标签<input/>、<button>、<textarea>、<label>、<select>、<fieldset>、<datalist>及其相关属性。

能力目标

- 能够使用表单相关控件制作用户调查、登录、注册等网页。
- 能够在基础网页中添加更多组合的表单元素。

素质目标

- 培养学生在知识应用方面的创新能力。
- 培养学生精益求精和认真严谨的工作态度。
- 培养学生在技术上遇到难题时集思广益、团结合作、一起解决问题的能力。

学习任务 1

制作“大学生社会实践调研表”页面（表单及表单输入元素）

任务要求

编写一个“大学生社会实践调研表”页面，了解并掌握表单的创建及制作方法。

任务分析

（1）创建表单。

（2）利用 <input/> 标签添加表单控件。

学习准备

相关知识点 1　表单标签 <form>

表单是组成网页的重要元素，是网页与服务器交互的信息来源，主要用来收集用户的基本信息，网页中的登录界面（见图 3-1-1）、注册界面、用户填报信息的界面等都是表单。

图 3-1-1 用户登录界面

一个表单主要由表单域、提示信息及各种表单元素（表单控件）组成。

（1）表单域是指包含提示信息与表单控件的区域，相当于一个容器。

（2）提示信息是指展示给用户的提示文字。

（3）表单控件是指有具体功能的控件，如文本框、单选按钮、复选框、按钮等。

<form> 标签用于创建一个表单，表单内的所有控件需放在 <form>…</form> 内部，否则无法将收集到的信息提交到服务器端。其语法格式如下：

```
<form action="提交的地址" method="提交方式" name="表单名称">
    提示信息：表单控件
</form>
```

<form> 标签可指定的属性如下：

（1）action：指明了将收集到的数据提交到服务器页面的 URL 地址，将数据提交到服务器端进行处理，这个属性必须有。

（2）method：指定了表单数据提交的方式，属性值为 get（默认值）或 post。若采取 get 方式，在浏览器的地址栏中可以看到提交的表单数据，安全性低，并且传输的数据量小；采取 post 方式，安全性高，并且没有数据量的限制，可以传输较大的数据量。

（3）name：定义表单的名称，通常与 id 值相同。

（4）enctype：指定表单内容编码的字符集。属性值为 application/x-www-form-urlencoded（默认值）、multipart/form-data 或 text/plain。其中，application/x-www-form-urlencoded 指在提交前编码所有字符；multipart/form-data 编码为二进制，使用上传文件的控件时需使用该属性值；text/plain 指将空格转换为加号，不对特殊字符编码。

相关知识点 2 表单输入标签 <input/>

<input/> 标签主要用于定义表单中的一个输入，是表单中最常用的元素，其功能丰富、种类繁多，包括定义表单中的文本输入框、密码输入框、单选按钮、复选框、按钮等。其语法格式如下：

```
<input type="输入框类型"/>
```

type 属性可以定义不同的表单输入控件，是 <input/> 标签最基本的属性之一，如表 3-1-1 所示。

表 3-1-1　type 属性

属　性　值	控件类型
text	文本输入框
password	密码输入框
radio	单选按钮
checkbox	复选框
file	文件域
image	图像域
hidden	隐藏域
submit	提交按钮
reset	重置按钮
button	按钮
email	Email 地址输入域
url	URL 地址输入域
color	颜色选择器
number	数值输入域
range	某范围的数值输入域
tel	电话号码输入域
date、month、week、time、datetime、datetime-local	日期、时间输入域
search	搜索域

<input/> 标签除了可以定义 type 属性外，还可定义以下属性：

（1）name：定义控件名称。

（2）value：设置表单控件的当前值。

（3）size：设置控件的宽度。

（4）maxlength：设置控件输入字符的最大长度。

（5）disabled：首次加载页面时禁用该属性，控件显示为灰色，无法获得焦点，属性值为 disable。

（6）autocomplete：设置在用户的信息被保存的情况下是否自动补全，属性值为 on（默认值）/off。

（7）list：设置文本框的候选列表供用户选择，需配合 <datalist> 标签使用。

（8）placeholder：设置文本框或密码框的提示信息。

（9）checked：默认选中，配合单选按钮、复选框使用。

（10）readonly：设置文本框为只读，用户不可修改。

（11）autofocus：自动获取焦点，一般在表单的第一个控件处设置。

（12）required：设置为必填项，即此控件用户必须填写，否则表单无法提交。

（13）pattern：验证表单的输入内容是否正确，其属性值为正则表达式，如邮箱账号是否按正确格式进行了输入。

1. 文本输入框

文本输入框语法格式如下：

```
<input type="text"/>
```

例如：

```
<form action="" method="post">
    昵称：<input type="text" placeholder="请输入昵称"/>
</form>
```

实现效果如图 3-1-2 所示。

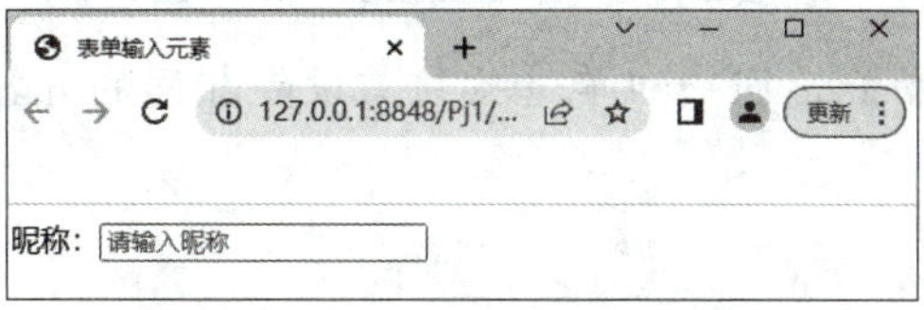

图 3-1-2　文本输入框实现效果图

2. 密码输入框

密码输入框语法格式如下：

```
<input type="password"/>
```

例如：

```
<form action="" method="post">
    密码：<input type="password" placeholder="请输入密码"/>
</form>
```

实现效果如图 3-1-3 所示。

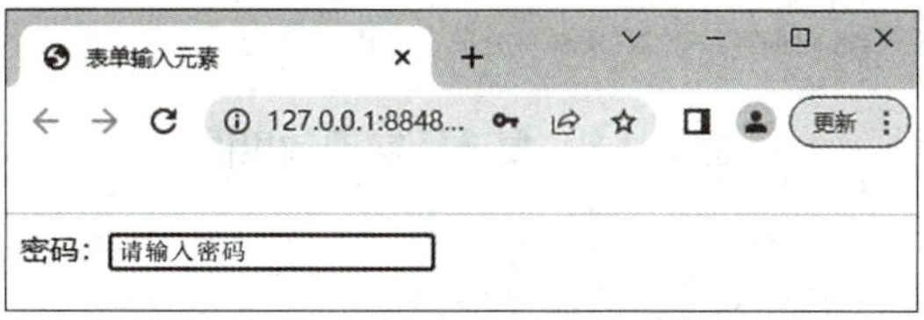

图 3-1-3　密码输入框实现效果图

3. 单选按钮

单选按钮语法格式如下：

```
<input type="radio"/>
```

例如：

```
<form action="" method="post">
    性别：<input type="radio" name="sex" checked/>男
    <input type="radio" name="sex"/>女
</form>
```

实现效果如图 3-1-4 所示。

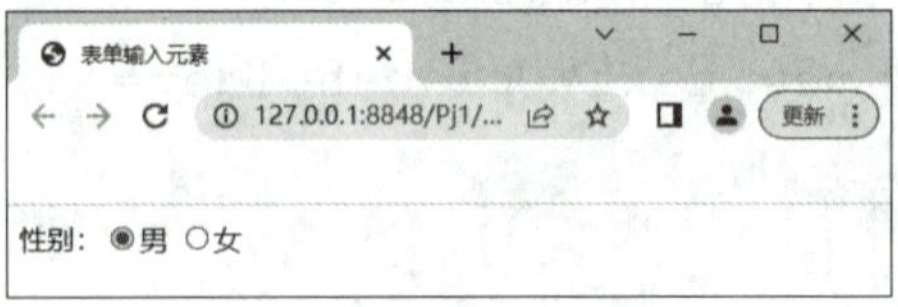

图 3-1-4　单选按钮实现效果图

注意：要想实现单选功能，同一组单选按钮需设置相同的 name 属性值。

4. 复选框

复选框语法格式如下：

```
<input type="checkbox"/>
```

例如：

```
<form action="" method="post">
      擅长的编程语言：<input type="checkbox"/>C 语言 <input type="checkbox"/>Java
      <input type="checkbox"/>PHP   <input type="checkbox"/>Python
</form>
```

实现效果如图 3-1-5 所示。

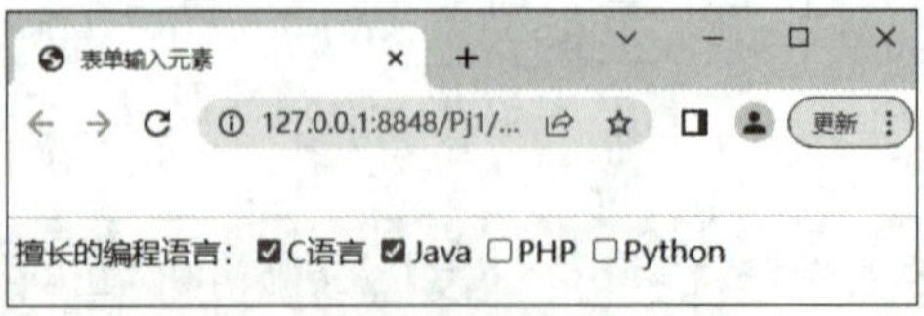

图 3-1-5　复选框实现效果图

5. 文件域

文件域语法格式如下：

```
<input type="file"/>
```

例如：

```
<form action="" method="post" enctype="multipart/form-data">
    选择文件：<input type="file"/>
</form>
```

实现效果如图 3-1-6 所示。

图 3-1-6　文件域实现效果图

6. 图像域

图像域语法格式如下：

```
<input type="image"/>
```

例如：

```
<form action="" method="post">
    图片：<input  type="image"  src="img/zqc.jpeg"/>
</form>
```

实现效果如图 3-1-7 所示。

图 3-1-7　图像域实现效果图

7. 提交按钮、重置按钮、按钮

提交按钮、重置按钮、按钮语法格式如下：

```
<input type="submit"/>
<input type="reset"/>
<input type="button" value=" 自定义按钮 "/>
```

例如：

```
<form action="" method="post">
    <input type="submit"/>
    <input type="reset"/>
    <input type="button" value=" 自定义按钮 "/>
</form>
```

实现效果如图 3-1-8 所示。

图 3-1-8　按钮实现效果图

8. Email 地址输入域

Email 地址输入域语法格式如下：

```
<input type="email"/>
```

例如：

```
<form action="" method="post">
    邮箱：<input type="email" multiple/>
</form>
```

实现效果如图 3-1-9 所示。

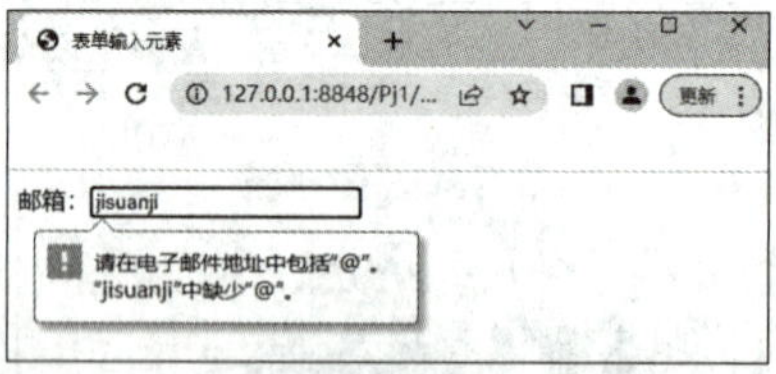

图 3-1-9　Email 地址输入域实现效果图

注意： type 属性值为 email 时，用户输入需要符合 Email 地址格式，输入框会自动检查格式是否正确。multiple 属性规定控件可同时输入多个邮箱地址，地址之间需用英文逗号隔开。

9. 日期、时间输入域

日期、时间输入域语法格式如下：

```
<input type="date"/>
<input type="month"/>
```

```
<input type="week"/>
<input type="time"/>
<input type="datetime-local"/>
```

例如：

```
<form action="" method="post">
   出生日期：<input type="date"/>
</form>
```

实现效果如图 3-1-10 所示。

例如：

```
<form action="" method="post">
   <input type="week"/>
</form>
```

实现效果如图 3-1-11 所示。

图 3-1-10　date 类型实现效果图

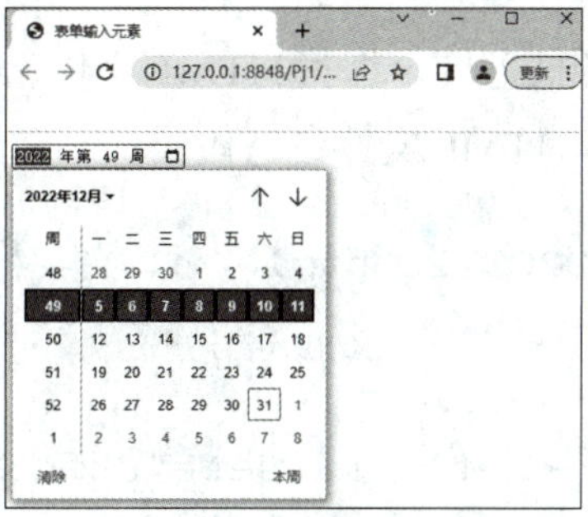

图 3-1-11　week 类型实现效果图

例如：

```
<form action="" method="post">
   时间：<input type="time"/>
</form>
```

实现效果如图 3-1-12 所示。

例如：

```
<form action="" method="post">
   <input type="datetime-local"/>
</form>
```

实现效果如图 3-1-13 所示。

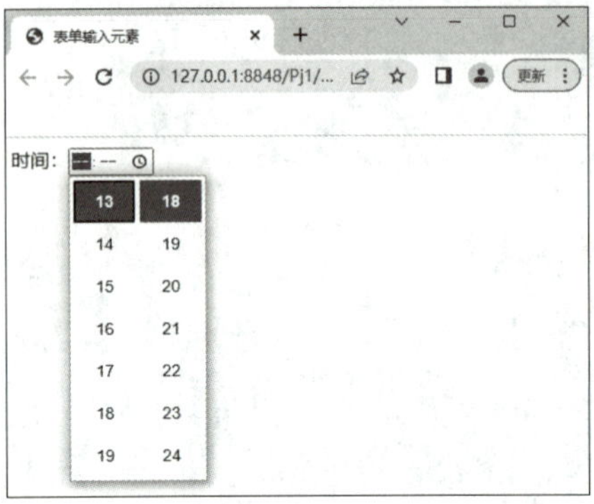

图 3-1-12　time 类型实现效果图

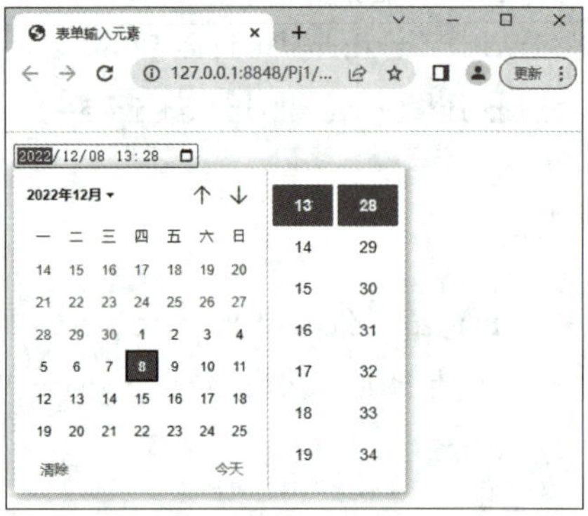

图 3-1-13　datetime-local 类型实现效果图

注意： date 类型可以使用 max 与 min 属性设置起始日期与结束日期，属性值为“年 - 月 - 日”格式；month 类型生成的日期为“年 - 月”格式，也可以使用 max 与 min 属性设置起始时间与结束时间；week 类型生成周的选择器；time 类型生成时间的选择器。

视频

制作“大学生社会实践调研表”页面讲解

任务实施

按照任务要求编写 HTML 文件，本任务要求掌握表单的创建与制作。

（1）HTML 文件参考代码：

```
<!DOCTYPE html>
<html>
  <head>
    <meta charset="utf-8"/>
    <title>调研表</title>
    </head>
    <body>
    <form action="" method="post" enctype="multipart/form-data">
          <table height="500px" align="center">
                <caption><h3>社会实践调研表</h3></caption>
                <tr>
                      <td align="right">姓名：</td><td><input
type="text"/></td>
                </tr>
                <tr>
                      <td align="right">专业：</td><td><input
type="text"/></td>
```

```
                </tr>
                <tr>
                        <td align="right">年级：</td><td><input 
type="radio" name="grade" value="2020"/>2020级 <input type="radio" 
name="grade" value="2021"/>2021级 <input type="radio" name="grade" 
value="2022"/>2022级</td>
                </tr>
                <tr>
                        <td align="right">性别：</td><td><input 
type="radio" name="sex" value="1" checked/>男 <input type="radio" 
name="sex" value="2"/>女</td>
                </tr>
                <tr>
                        <td align="right">年龄：</td><td><input 
type="number" max="100" min="1"/></td>
                </tr>
                <tr>
                        <td align="right">实践单位：</td><td><input 
type="text"/></td>
                </tr>
                <tr>
                        <td align="right">实践日期：</td><td><input 
type="date"/> 至 <input type="date"/></td>
                </tr>
                <tr>
                        <td align="right">实践收获：</td><td><input 
type="checkbox"/>经济独立 <input type="checkbox"/>增加社会阅历 
<input type="checkbox"/>巩固专业知识 <input type="checkbox"/>丰富
业余生活</td>
                </tr>
                <tr>
                        <td align="right">邮箱：</td><td><input 
type="email"/></td>
                </tr>
                <tr>
```

```
                    <td align="right">上传实践报告: </td><td><input
type="file"/></td>
                </tr>
                <tr>
                    <td></td><td><input type="submit"/> <input
type="reset"/></td>
                </tr>
            </table>
        </form>
    </body>
</html>
```

（2）任务实现效果图：任务实现效果如图 3-1-14 所示。

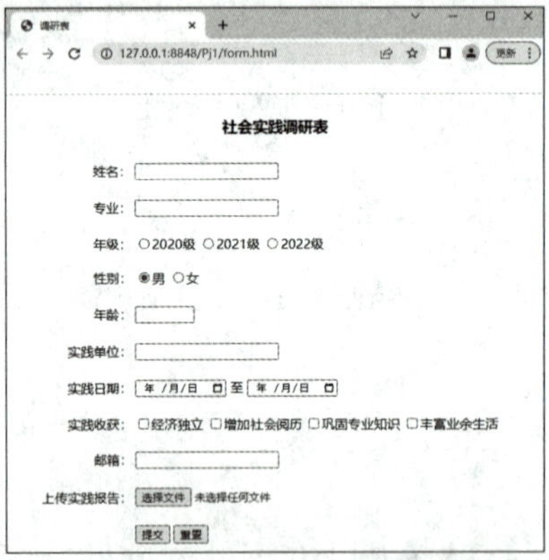

图 3-1-14 “大学生社会实践调研表”实现效果图

课外拓展

相关知识点 type 的其他属性值

1. URL 地址输入域

URL 地址输入域语法格式如下：

```
<input type="url"/>
```

例如：

```
<form action="" method="post">
    网址: <input type="url"/>
</form>
```

实现效果如图 3-1-15 所示。

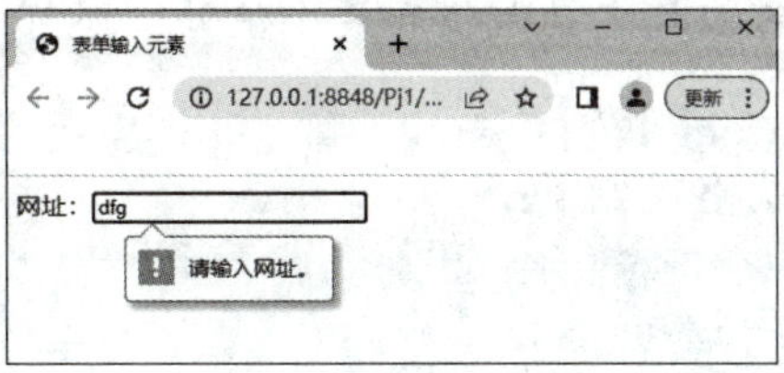

图 3-1-15　URL 地址输入域实现效果图

2. 颜色选择器

颜色选择器语法格式如下：

```
<input type="color"/>
```

例如：

```
<form action="" method="post">
    颜色: <input type="color"/>
</form>
```

实现效果如图 3-1-16 所示。

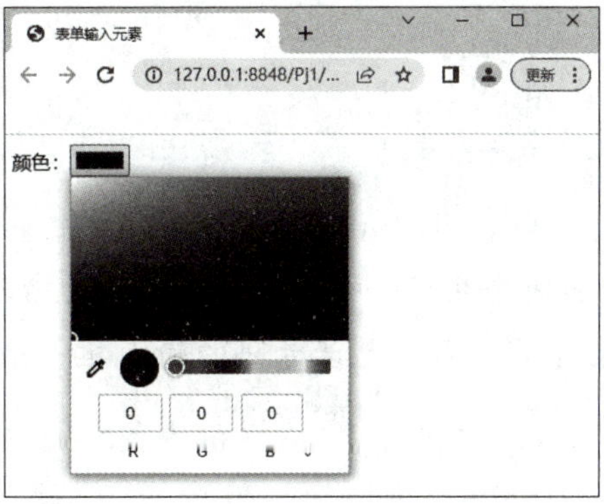

图 3-1-16　颜色选择器实现效果图

3. 数值输入域

数值输入域语法格式如下：

```
<input type="number"/>
```

例如：

```
<form action="" method="post">
    年龄: <input type="number" max="150" min="0"/>
</form>
```

实现效果如图 3-1-17 所示。

注意： 数值输入域除了可以指定最大值和最小值外，还可以使用 step 属性定义步长。

4. 某范围的数值输入域

某范围的数值输入域语法格式如下：

```
<input type="range"/>
```

例如：

```
<form action="" method="post">
    分数：<input type="range" max="100" min="0" step="10"/>
</form>
```

实现效果如图 3-1-18 所示。

图 3-1-17　数值输入域实现效果图

图 3-1-18　range 类型实现效果图

5. 电话号码输入域

电话号码输入域语法格式如下：

```
<input type="tel"/>
```

注意： 当 type 属性值为 tel 时会生成一个输入电话号码的输入框，其外观与文本框无异。但由于各国的电话号码格式有所不同，电话号码的输入框一般会采用普通的文本输入框，即使用 text 属性值即可。

6. 搜索域

搜索域语法格式如下：

```
<input type="search"/>
```

例如：

```
<form action="" method="post">
    搜索：<input type="search"/>
</form>
```

实现效果如图 3-1-19 所示。

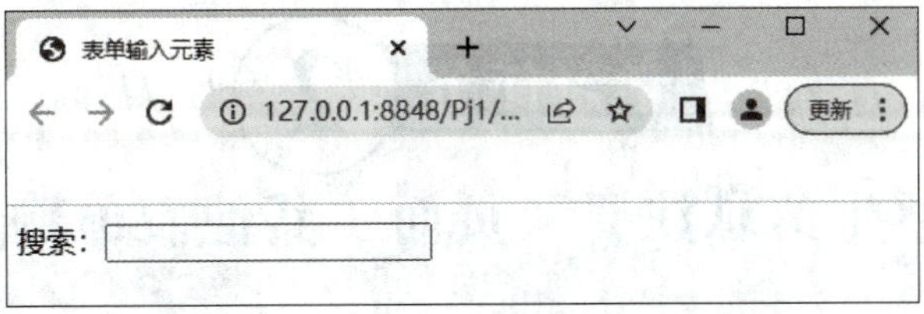

图 3-1-19　search 类型实现效果图

任务评价

课程名称：网页设计与制作		授课地点：		
学习任务 1：制作“大学生社会实践调研表”页面（表单及表单输入元素）		授课教师：	授课学时：	
课程性质：理实一体课程		综合评分：		
知识掌握情况评分（10分）				
序号	知识考核点	教师评价	分数	得分
1	text 设置		2	
2	radio、checkbox 设置		3	
3	email 设置		2	
4	submit、reset 设置		3	
工作任务完成情况评分（60分）				
序号	能力操作考核点	教师评价	分数	得分
1	项目完成质量		30	
2	程序排错能力		10	
3	与组员的团队配合精神，协调能力		10	
4	精神面貌、专业自信、工匠精神、职业素养		10	
课堂表现情况评分（20分）				
序号	课堂表现考核点	教师评价	分数	得分
1	课堂考勤		10	
2	课堂过程表现		10	
任务总结反思（10分）				

学习任务 2 制作“学生信息注册”页面（其他表单输入元素）

任务要求

（1）编写“学生信息注册”页面，学习 HTML5 部分表单标签的综合使用。

（2）通过完成任务掌握其他表单控件的使用技巧。

任务分析

（1）此任务为制作一个“学生信息注册”页面，其中用到 <input/>、<select>、<button> 和 <label> 标签，并使用 CSS 样式表文件对页面内容进行美化。

（2）代码主要分为两个部分，一个为网页文件代码，另一个为 CSS 样式表文件代码。

（3）在网页文件代码的 <head>…</head> 标签中使用 <link/> 标签将 CSS 样式表文件和网页文件进行关联。

学习准备

相关知识点 1　HTML5 的 <button> 标签

标签说明：用来定义一个按钮。

使用格式：<button> 提示文字（或图片）</button>。

<button> 标签的常用属性如表 3-2-1 所示。

表 3-2-1　<button> 标签的常用属性

属性名	属性值	说明
type	button、reset 或 submit	设定按钮的类型，reset 为重置按钮，会清除 form 表单的数据；submit 为提交按钮，会将 form 表单的数据提交给某个文件处理；button 为一般按钮，使用时经常会配合脚本文件触发相应事件
name	自设	设定按钮的名称
value	自设	设定按钮的初始值
autofocus	autofocus	设定页面加载时按钮自动获得焦点
disabled	disabled	设定按钮被禁用
form	form_id	设定按钮属于哪一个或多个表单
form_action	url	覆盖 form 表单的 action 属性，与 type="submit" 配合使用

续表

属 性 名	属 性 值	说 明
formenctype	—	覆盖 form 表单的 enctype 属性，与 type="submit" 配合使用
formmethod	get 或 post	覆盖 form 表单的 method 属性，与 type="submit" 配合使用
formnovalidate	formnovalidate	覆盖 form 表单的 novalidate 属性，与 type="submit" 配合使用
formtarget	_blank、_self、_parent、_top 或 framename	覆盖 form 表单的 target 属性，与 type="submit" 配合使用

例如：

```
<body>
        <form action="" method="post">
                <button type="submit">注册</button>
                <button type="reset">重置</button>
        </form>
</body>
```

页面效果如图 3-2-1 所示。

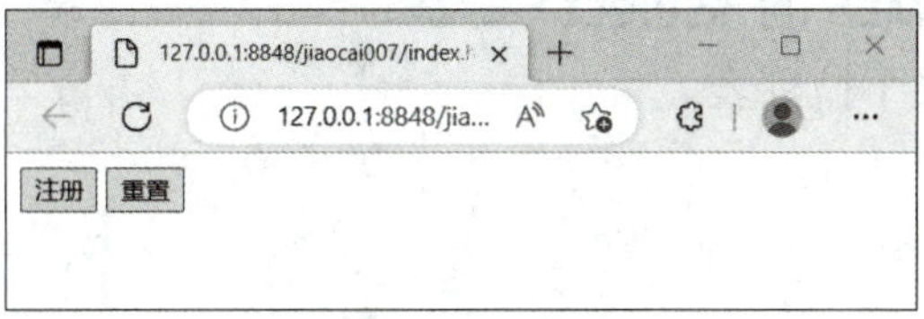

图 3-2-1　按钮页面效果

相关知识点 2　HTML5 的 <label> 标签

标签说明：用来为表单控件定义标注（标记）。

使用格式：<label> 文本内容 </label>。

备注：<label> 标签为与其绑定的表单控件提供文字标记，使得单击 <label> 标签内容时就同时把焦点转移到绑定的表单控件上，提升操作性。

<label> 标签的常用属性如表 3-2-2 所示。

表 3-2-2　<label> 标签的常用属性

属 性 名	属 性 值	说 明
form	form_id	设定 <label> 标签属于哪一个或多个表单
for	element_id	设定 <label> 标签与哪个表单控件绑定

例如：

```
<body>
   <form action="" method="post">
         <label for="jy">建议：</label>
         <textarea id="jy" rows="5" cols="50">
               请输入你的建议
         </textarea><br/>
         <button type="submit">提交</button>
   </form>
</body>
```

页面效果如图 3-2-2 所示。

图 3-2-2　<label> 标签页面效果

相关知识点 3　HTML5 的 <select> 标签

标签说明：用来定义下拉列表。

使用格式：

```
<select>
         <option value="列表值 1">列表项 1</option>
         <option value="列表值 2">列表项 2</option>
         ……
</select>
```

注意：<select> 标签必须与 <option> 标签配合使用，每个 <option> 标签代表一个下拉列表项。

<select> 标签的常用属性如表 3-2-3 所示，<option> 标签的常用属性如表 3-2-4 所示。

表 3-2-3　<select> 标签的常用属性

属 性 名	属 性 值	说　明
size	数值	设定 <select> 标签同时显示多少个列表项
multiple	multiple	设定 <select> 标签的列表项可以被多选

表 3-2-4 <option> 标签的常用属性

属性名	属性值	说明
value	自定	设定列表项对应的值
selected	selected	设定列表项为被选中状态

例如：

```
<body>
    <form action="" method="post">
          <select>
                <option value="xiaoxue">小学</option>
                <option value="chuzhong">初中</option>
                <option value="gaozhong" selected="selected">高中</option>
                <option value="大学">大学</option>
          </select>
    </form>
</body>
```

页面效果如图 3-2-3 所示。

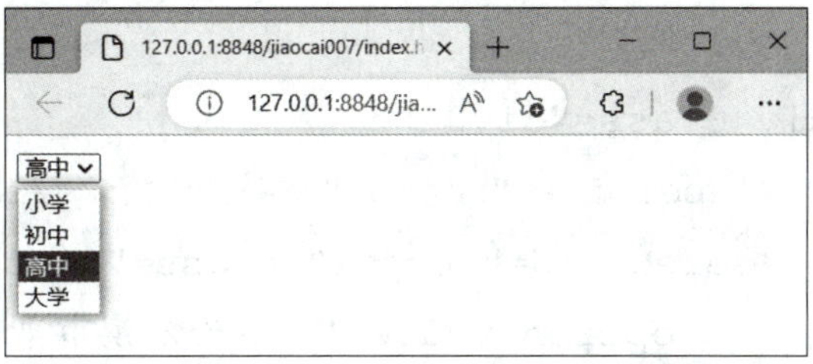

图 3-2-3 下拉列表框页面效果

视频
制作“学生信息注册”页面讲解

任务实施

按照任务要求，编写 HTML 和 CSS 文件，本任务希望学生了解 HTML5 表单标签的具体应用，因此，学生要重点了解网页文件的代码，CSS 样式表文件的代码仅供参考，不做学习要求。

（1）HTML 文件参考代码：

```
<!DOCTYPE html>
<html>
    <head>
        <meta charset="utf-8"/>
        <title></title>
```

```
    <link rel="stylesheet" type="text/css" href="css/zhuce.css"/>
  </head>
  <body>
    <div class="div01">学生信息注册</div>
    <form action="" method="">
        <div class="div02">
            <label for="name">姓名：</label><input type=
"text" id="name" value="" class="input01"/>
        </div>
        <div class="div03">
            性别：<input type="radio" id="nan" name="sex"
value="1"/><label for="nan">男</label><input type="radio" id="nv"
name="sex" value="2"/><label for="nv">女</label>
        </div>
        <div class="div04">
            <label for="mobile">联系方式：</label><input
type="text" id="mobile" value="" class="input01"/>
        </div>
        <div class="div04">
            <label for="school">毕业学校：</label>
            <select id="school" class="input01">
              <option value="1">哈尔滨市第一中学</option>
              <option value="2">哈尔滨市第二中学</option>
              <option value="3">哈尔滨市第三中学</option>
              <option value="4" selected="selected">黑龙
江省实验中学</option>
            </select>
        </div>
        <div class="div05">
            <button type="submit">提交</button>
        </div>
      </form>
  </body>
</html>
```

（2）CSS 文件参考代码：

```
body{
    margin: 0;
}
.div01{
    font-size: 48px;
    background-color: cadetblue;
    color: white;
    text-align: center;
    line-height: 200px;
    height: 200px;
}
.div02{
    margin: 0 auto;
    width: 400px;
    padding-top: 50px;
    padding-left: 80px;
}
.div03{
    margin: 0 auto;
    width: 400px;
    padding-top: 20px;
    padding-left: 80px;
}
.div04{
    margin: 0 auto;
    width: 400px;
    padding-top: 20px;
    padding-left: 20px;
}
.div05{
    margin: 0 auto;
    width: 400px;
```

```
    padding-top: 20px;
    padding-left: 180px;
}
.input01{
    width: 200px;
    height: 30px;
    border:1px solid #5F9EA0;
}
button{
    width: 200px;
    height: 40px;
    background-color: #5F9EA0;
    color: white;
    font-size: 16px;
    border:1px solid #5F9EA0;
}
```

（3）任务实现效果图：任务实现效果如图 3-2-4 所示。

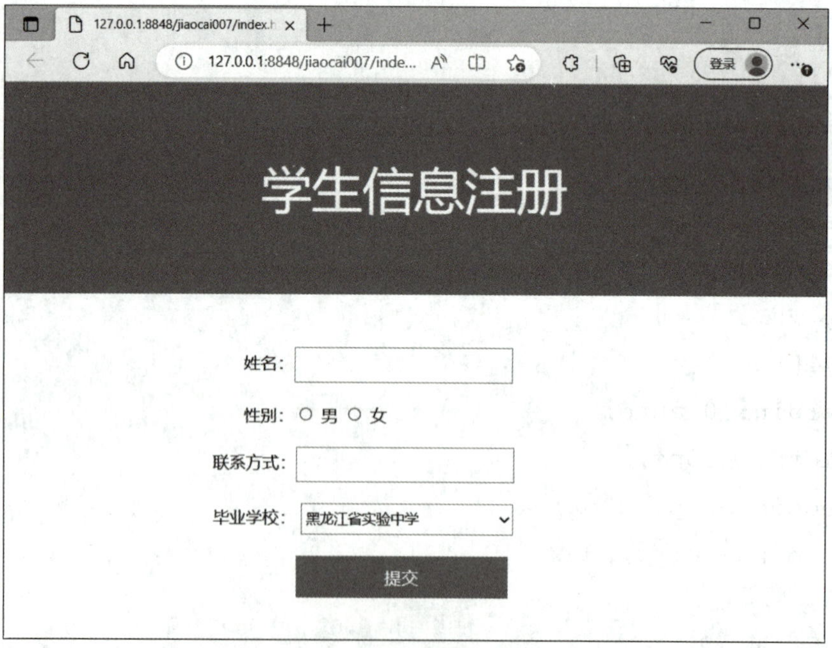

图 3-2-4 “学生信息注册”页面效果图

课外拓展

相关知识点 1　HTML5 的 <textarea> 标签

标签说明：用来定义一个可以输入多行内容的文本框。

使用格式：<textarea rows=" 行数 " cols=" 列数 "> 提示文字 </textarea>。

<textarea> 标签的常用属性如表 3-2-5 所示。

表 3-2-5　<textarea> 标签的常用属性

属性名	属性值	说明
rows	数值	设定文本框的行数，即高度
cols	数值	设定文本框的列数，即宽度
name	自定	设定文本框的名称
wrap	hard 或 soft	设定文本框内容的提交方式，hard 提交时带有换行符，soft 提交时不带换行符
maxlength	数值	设定文本框中允许的最大字符数
disabled	disabled	设定文本框被禁用
readonly	readonly	设定文本框为只读
required	required	设定文本框为必填项
dirname	textareaname.dir	设定文本框的文本方向
autofocus	autofocus	设定页面加载时文本框自动获得焦点
form	form_id	设定文本框属于哪一个或哪些表单

例如：

```
<body>
    <form action="" method="post">
          <textarea rows="5" cols="50">
                请输入你的建议
          </textarea><br/>
          <button type="submit"> 提交 </button>
    </form>
</body>
```

页面效果如图 3-2-5 所示。

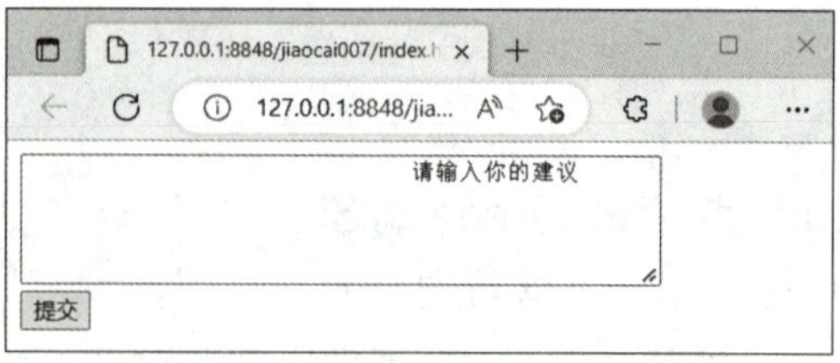

图 3-2-5　多行文本框页面效果

相关知识点 2　HTML5 的 <fieldset> 标签

标签说明：用来将表单内的相关元素分组。

使用格式：

```
<fieldset>
        <legend></legend>
        ……
</fieldset>
```

注意：<fieldset> 标签必须同 <legend> 标签配合使用，<legend> 标签的作用是为分组绘制边框。

<fieldset> 标签的常用属性如表 3-2-6 所示。

表 3-2-6　<fieldset> 标签的常用属性

属 性 名	属 性 值	说　明
name	自设	设定 <fieldset> 标签的名称
form	form_id	设定 <fieldset> 标签属于哪一个或哪些表单
disabled	disabled	设定 <fieldset> 标签被禁用

例如：

```
<body>
   <form action="" method="post">
        <fieldset>
             <legend>请按提示输入信息：</legend>
             账号：<input type="text" name="user"/><br/>
             密码：<input type="password" name="pass"/>
        </fieldset>
   </form>
</body>
```

页面效果如图 3-2-6 所示。

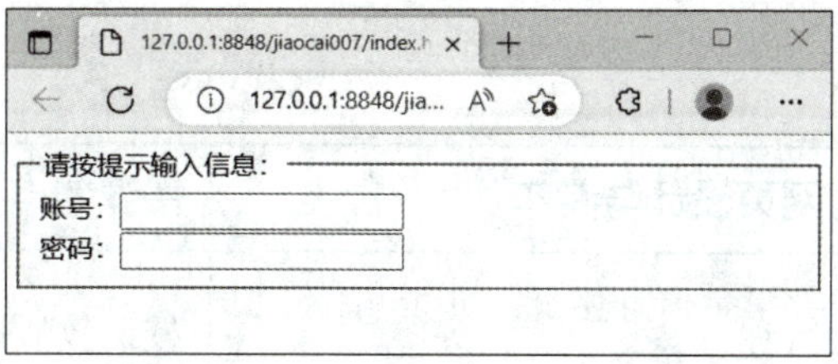

图 3-2-6　<fieldset> 标签页面效果

相关知识点 3　HTML5 的 <datalist> 标签

标签说明：用来为 <input> 标签设定预定义选项。

使用格式：

```
<datalist>
        <option> 选项 1</option>
        <option> 选项 2</option>
        ……
</datalist>
```

注意：<datalist> 标签必须同 <option> 标签配合使用，每个 <option> 标签代表一个选项。

例如：

```
<body>
   <form action="" method="post">
        <input list="sex"/>
        <datalist id="sex">
             <option> 男 </option>
             <option> 女 </option>
        </datalist>
   </form>
</body>
```

页面效果如图 3-2-7 所示。

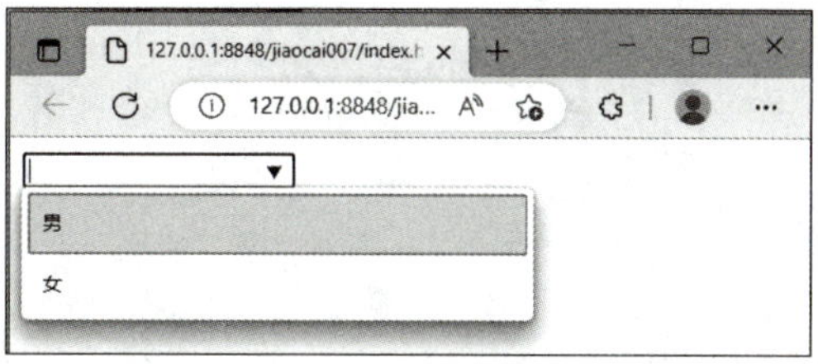

图 3-2-7　<datalist> 标签页面效果

任务评价

课程名称：网页设计与制作		授课地点：		
学习任务 2：制作“学生信息注册”页面（其他表单输入元素）		授课教师：	授课学时：	
课程性质：理实一体课程		综合评分：		
知识掌握情况评分（10分）				
序号	知识考核点	教师评价	分数	得分
1	<button> 标签的使用		3	
2	<label> 标签的使用		3	
3	<select> 标签的使用		4	
工作任务完成情况评分（60分）				
序号	能力操作考核点	教师评价	分数	得分
1	项目完成质量		30	
2	程序排错能力		10	
3	与组员的团队配合精神、协调能力		10	
4	精神面貌、专业自信、工匠精神、职业素养		10	
课堂表现情况评分（20分）				
序号	课堂表现考核点	教师评价	分数	得分
1	课堂考勤		10	
2	课堂过程表现		10	
任务总结反思（10分）				

课后习题

1. HTML5（　　）标签用于不同类型的输出。

A. <keygen>　　B. <datalist>

C. <output>　　D. <meter>

2.（　　）元素定义多行输入字段（文本域）。

A. textarea　　B. select

C. radio-buttons　　D. checkbox

3.（　　）元素定义选项组。

A. optgroup　　B. option

C. datalist　　D. legend

4.（　　）元素定义一个单击按钮。

A. button　　B. select

C. radio-buttons　　D. option

5. 表单域的标签为（　　）。

A. <input/>　　B. <form>…</form>

C. <output>　　D. <select>

6. 可以使用（　　）标签控件定义下拉列表。

A. <select>　　B. <list>

C. <input type="list"/>　　D. <input type="dropdown"/>

7. 可以使用（　　）标签来将文字和单选按钮进行绑定。

A. <select>　　B. <label>

C. <datalist>　　D. <table>

8. 可以使用（　　）标签从逻辑上将表单中的元素组合起来。

A. <select>　　B. <fieldset>

C. <datalist>　　D. <legend>

9.（　　）标签可以为 <fieldset> 标签定义标题（caption）。

A. <select>　　B. <figure>

C. <datalist>　　D. <legend>

10.（　　）标签是 HTML5 中的新标签，此标签在表单中用于从用户中接收数据，它可以显示供用户选择的选项。

A. <table>　　B. <fieldset>

C. <datalist>　　D. <legend>

项目 4

HTML5新特性

本项目对 HTML5 新增的 <canvas> 画布和 <video>、<audio> 多媒体标签进行阐述。希望通过实例操作，学生可以掌握 <canvas> 画布和 <video>、<audio> 多媒体标签的具体用法。本项目知识结构如下：

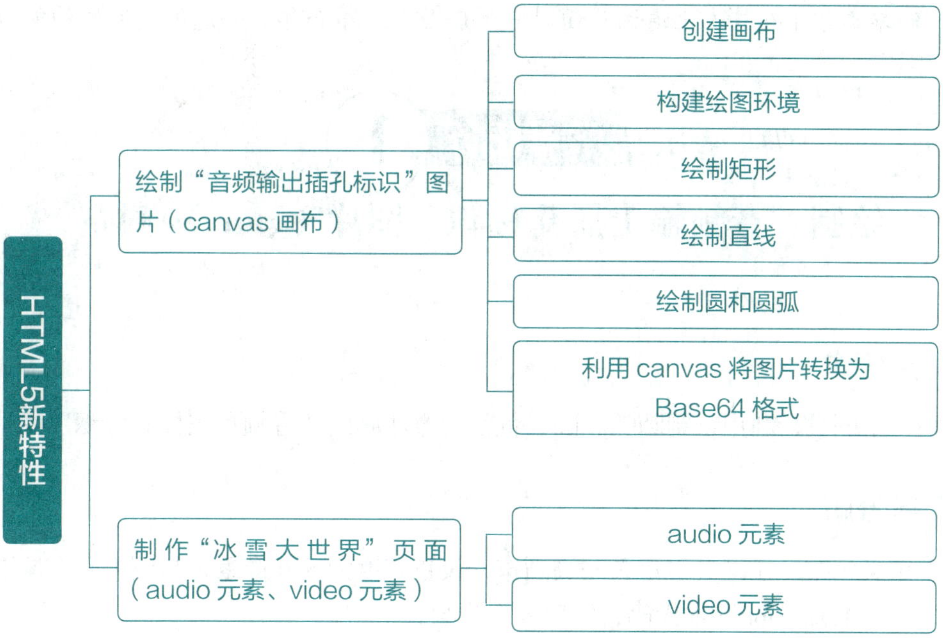

项目目标

知识目标

- 掌握 HTML5 新增特性。
- 掌握新增的语义化标签。
- 掌握 canvas 画布的设置方法。
- 掌握多媒体标签的使用。

能力目标

- 能够使用画布标签制作简单的形状，掌握绘制矩形、直线、圆的基本方法。
- 能够使用多媒体标签制作带有音频和视频的网页。
- 能综合利用画布和多媒体标签制作更复杂的网页。

素质目标

- 培养学生的创新能力。
- 培养学生精益求精和认真严谨的工作态度。
- 培养学生在技术上遇到难题时集思广益、团结合作、一起解决问题的能力。

学习任务 1

绘制“音频输出插孔标识”图片（canvas 画布）

任务要求

编写一个网页，利用绘制圆弧、圆、直线的方法画出“音频输出插孔标识”图片。

任务分析

（1）定义画布：在网页中定义一块画布，设置宽度为 800 像素、高度为 600 像素。

（2）编写 JavaScript 脚本代码，实现 4 个步骤：

①获取画布，指定绘制类型为 2D，设置填充颜色、线条颜色、线条宽度。

②使用循环绘制左右两组圆弧图形。

③使用绘制圆形方法画出图形中间的实心圆点。

④使用绘制直线方法画出水平线和箭头。

学习准备

相关知识点 1　创建画布

在网页中，画布并不是默认存在的。首先需要创建画布，然后通过 JavaScript 脚本引用对象和方法，在画布中绘制图案。HTML5 使用 <canvas> 标签在网页中创建画布。例如：

```
<canvas id="MyCanvas" width="600" height="400">当前浏览器不支持画布标签! </canvas>
```

上面这个实例利用 <canvas> 标签创建了一个 id 名称为 MyCanvas 的画布，其宽度为 600 像素、高度为 400 像素。其中的 id 属性用于在 JavaScript 代码中引用画布。<canvas> 标签是一个双标签，可以在中间输入文字。例如，输入“当前浏览器不支持画布标签！”字符串。如果浏览器不支持 <canvas> 标签，就会显示相应的文字信息。画布的 width 和 height 属性用于定义画布的宽度和高度，取值可以为数字或像素值。

创建完成的画布是透明的，没有任何样式，可以使用 CSS 为其设置边框、背景等。需要注意的是，尽量不要使用 CSS 样式控制其宽度和高度，否则可能使画布中的图案产生变形。

相关知识点 2　构建绘图环境

要想在 JavaScript 中控制画布，首先要获取画布。使用 document 对象的 getElementById( ) 方法可以获取网页中的画布对象。例如，下面的示例代码就是为了获取名为 MyCanvas 的画布，同时将获取的画布对象保存在变量 MyPic 中。

```
var MyPic=document.getElementById ('MyCanvas');
```

有了画布之后，要开始绘图，还需要 context 对象。context 对象也被称为绘制环境，通过该对象，可以在画布中绘制各种图形。在 JavaScript 中，通常会定义一个变量来保存获取的 context 对象，例如：

```
var MyDrawing = canvas.getContext ("2d");
```

在上面的代码中，参数“2d”代表画笔的种类，表示二维绘图的画笔。当前唯一支持的是 2D 绘图，三维操作目前还没有被广泛地应用，这里了解即可。

表 4-1-1 和表 4-1-2 中列出了 getContext("2d") 对象的属性和方法，可用于在画布上绘制矩形、直线、圆或圆弧等。需要特别强调的是，canvas 画布的左上角为坐标原点（0,0）。

表 4-1-1 颜色、样式和阴影

属性	描述
fillStyle	设置或返回用于填充绘图的颜色、渐变或模式
strokeStyle	设置或返回用于笔触的颜色、渐变或模式
shadowColor	设置或返回用于阴影的颜色
shadowBlur	设置或返回用于阴影的模糊级别
shadowOffsetX	设置或返回阴影与形状的水平距离
shadowOffsetY	设置或返回阴影与形状的垂直距离

表 4-1-2 渲染上下文对象的常用方法

方法	描述
fillRect( )	绘制一个填充的矩形
strokeRect( )	绘制一个矩形轮廓
clearRect( )	清除画布的矩形区域
lineTo( )	绘制一条直线
arc( )	绘制圆弧或圆
moveTo( )	当前绘图点移动到指定位置
beginPath( )	开始路径绘制
closePath( )	结束路径绘制
Stroke( )	绘制当前路径的边框
fill( )	填充路径的内部区域
fillText( )	在画布上绘制一个字符串
createLinearGradient( )	创建一条线性颜色渐变
drawImage( )	把一幅图像放置到画布上

相关知识点 3 绘制矩形

在 canvas 画布中绘制矩形有两种方法，即绘制实心矩形和空心矩形。

1. 绘制实心矩形

fillRect( ) 方法用来绘制填充的实心矩形，语法格式如下：

```
canvas.fillRect(x, y, width, height);
```

其中的参数含义如下：

（1）x、y：矩形左上角的坐标值。

（2）width、height：矩形的宽度和高度。

fillRect( ) 方法使用 fillStyle 属性所指定的颜色、渐变和模式来填充指定的矩形。

2. 绘制空心矩形

strokeRect( ) 方法用来绘制矩形的轮廓，语法格式如下：

```
canvas.strokeRect(x, y, width, height);
```

其中的参数含义如下：

（1）x、y 表示矩形左上角的坐标值。

（2）width、height 表示矩形的宽度和高度。

strokeRect( ) 方法按照指定的位置和大小绘制一个空心的矩形，不进行内部填充。线条颜色和线条宽度由 strokeStyle 和 lineWidth 属性来设置。

【例 4-1-1】 利用 fillRect( ) 方法和 strokeRect( ) 方法绘制矩形，实现效果如图 4-1-1 所示。

```
<!DOCTYPE html>
<html lang="zh-CN">
    <head>
        <meta charset="utf-8"/>
        <title>Document</title>
    </head>
    <body>
        <!-- 定义 canvas 画布 -->
        <canvas id="MyCanvas" width="800" height="600"></canvas>
        <script>
            //获取画布
            var MyPic=document.getElementById('MyCanvas');
            //指定画布上绘制的类型
            var DrawCircle=MyPic.getContext('2d');
            DrawCircle.fillStyle='red'; //设置填充颜色
            DrawCircle.fillRect(100,100,350,150); //绘制实心矩形
            DrawCircle.strokeStyle='red'; //设置线条颜色
            DrawCircle.strokeRect(100,300,350,150); //绘制空心矩形
        </script>
    </body>
</html>
```

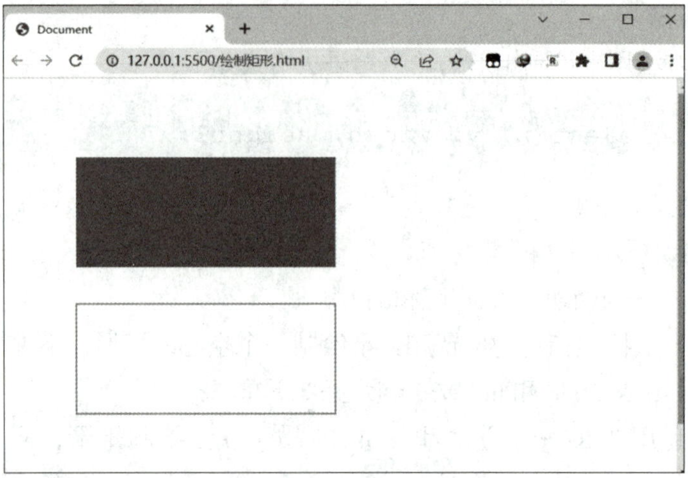

图 4-1-1　绘制矩形实现效果图

相关知识点 4　绘制直线

可以在 canvas 画布中绘制各种线条，从而组合成复杂图形。如果画一条线，那么需要确定起始位置、终止位置、线条颜色、粗细属性。

1. moveTo( ) 方法

在绘制直线时，使用 moveTo( ) 方法定义初始位置，语法格式如下：

```
canvas.moveTo(x, y)
```

其中，参数 x、y 表示新的当前点的坐标值。

2. lineTo( ) 方法

lineTo( ) 方法用来定义一条直线的结束位置，语法格式如下：

```
canvas.lineTo(x, y)
```

其中，参数 x、y 表示直线终点的坐标值。

当起始坐标和终止坐标设置完成后，使用 stroke( ) 方法完成绘图操作。

3. beginPath( ) 方法和 closePath( ) 方法

当用户需要绘制一个路径封闭的图形时，使用 beginPath( ) 方法初始化绘制路径，使用 closePath( ) 方法标记路径绘制结束。

（1）beginPath( ) 方法的语法格式如下：

```
canvas.beginPath( );
```

beginPath( ) 方法定义一条新路径，并把当前的点设置为（0，0）。

（2）closePath( ) 方法的语法格式如下：

```
canvas.closePath( );
```

closePath( ) 方法用来关闭一条路径。如果画布的子路径是打开的，closePath( ) 方法通过添加一条线连接当前点和子路径起始点来关闭它；如果子路径已经闭合，这个方法不做任何操作。

【例 4-1-2】 利用绘制直线方法绘制三角形，其实现效果如图 4-1-2 所示。

```
<!DOCTYPE html>
<html lang="Zh-cn">
    <head>
        <meta charset="utf-8"/>
        <title>Document</title>
    </head>
    <body>
        <!-- 定义 canvas 画布 -->
        <canvas id="MyCanvas" width="800" height="600"></canvas>
        <script>
            //获取画布
            var MyPic=document.getElementById('MyCanvas');
            //指定画布上绘制的类型
            var DrawLine=MyPic.getContext('2d');
            DrawLine.strokeStyle='red'; //设置线条颜色
            DrawLine.lineWidth='5'; //设置线条宽度
            DrawLine.moveTo(400,200); //定位绘制的起始坐标点
            DrawLine.lineTo(300,400); //定位第一条线的终点坐标
            DrawLine.lineTo(500,400); //定位第二条线的终点坐标
            DrawLine.lineTo(400,200); //定位第三条线的终点坐标
            DrawLine.stroke(); //绘制路径的框线
        </script>
    </body>
</html>
```

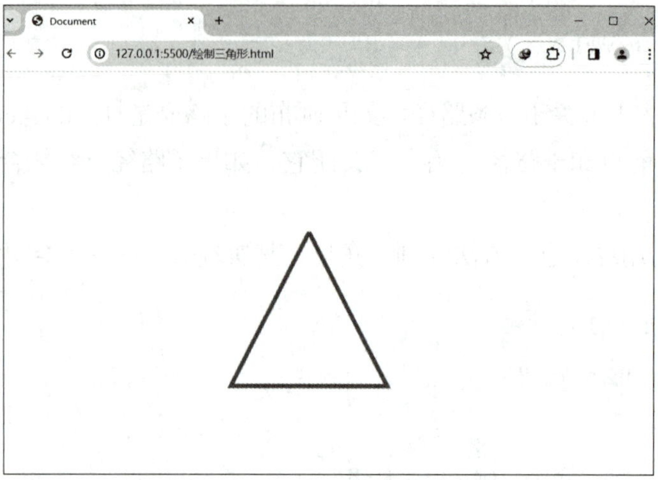

图 4-1-2　绘制三角形实现效果图

相关知识点 5　绘制圆和圆弧

arc( ) 方法用来绘制圆或圆弧，可以绘制实心或空心两种样式的圆或圆弧，语法格式如下：

```
arc(x, y, radius, startAngle, endAngle, counterclockwise)
```

其中的参数含义如下：

（1）x、y：圆或圆弧的圆心点坐标值。

（2）radius：定义圆或圆弧的半径。

（3）startAngle、endAngle：沿着圆指定弧的开始点和结束点的一个角度。这个角度用弧度来度量，沿着 *x* 轴水平向左的角度为 0°，角度沿逆时针方向而逐渐增加。

（4）counterclockwise：决定沿圆周的绘制方向，true 代表逆时针方向，false 代表顺时针方向。

【例 4-1-3】 绘制圆和圆弧，其实现效果如图 4-1-3 所示。

```
<!DOCTYPE html>
<html lang="Zh-cn">
    <head>
        <meta charset="utf-8"/>
        <title>Document</title>
    </head>
    <body>
        <!-- 定义 canvas 画布 -->
```

```
        <canvas id="MyCanvas" width="1000" height="800"></canvas>
        <script>
            var MyPic=document.getElementById('MyCanvas');
                                                //获取画布
            var DrawCircle=MyPic.getContext('2d');
                                                //指定画布上绘制的类型
            DrawCircle.strokeStyle='red';  //设置线条颜色
            DrawCircle.fillStyle='red';  //设置填充颜色
            DrawCircle.lineWidth='2';  //设置线条宽度
            DrawCircle.beginPath();  //初始化路径
            DrawCircle.arc(200,200,100,0,Math.PI*2,false);
                                                //顺时针绘制圆
            DrawCircle.stroke(); //绘制路径的框线
            DrawCircle.beginPath();  //初始化路径
            DrawCircle.arc(450,200,100,0,Math.PI*2,false);
                                                //顺时针绘制圆
            DrawCircle.fill(); //填充路径内部区域
            DrawCircle.beginPath();  //初始化路径
            DrawCircle.arc(200,500,100,0,Math.PI*1.5,false);
                                                //顺时针绘制圆弧
            DrawCircle.stroke(); //绘制路径的框线
            DrawCircle.beginPath();  //初始化路径
            DrawCircle.arc(450,500,100,0,Math.PI*1.25,true);
                                                //逆时针绘制圆弧
            DrawCircle.fill(); //填充路径内部区域
        </script>
    </body>
</html>
```

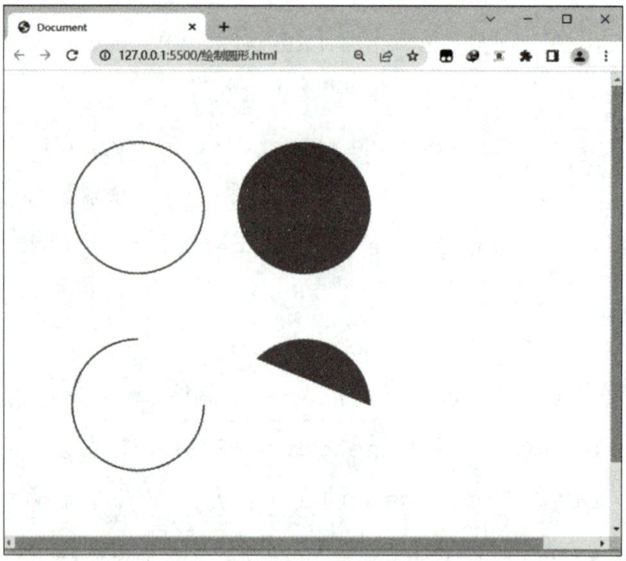

图 4-1-3　绘制圆和圆弧实现效果图

视频

绘制“音频输出插孔标识”图片讲解

任务实施

（1）HTML 文件参考代码：

```
<!DOCTYPE html>
<html lang="Zh-cn">
    <head>
        <meta charset="utf-8"/>
        <title>Document</title>
    </head>
    <body>
        <!-- 定义 canvas 画布 -->
        <canvas id="MyCanvas" width="800" height="600"></canvas>
        <script>
            //获取画布
            var MyPic=document.getElementById('MyCanvas');
            //指定画布上绘制的类型
            var DrawCircle=MyPic.getContext('2d');
            DrawCircle.strokeStyle='red'; //设置线条颜色
            DrawCircle.fillStyle='red'; //设置填充颜色
            DrawCircle.lineWidth='2'; //设置线条宽度
            for(i=1;i<=10;i++){
```

```
                DrawCircle.beginPath(); //初始化路径
                DrawCircle.arc(400,300,i*10,Math.PI*0.75,Math.
PI*1.25,false); //顺时针绘制圆弧
                DrawCircle.stroke(); //绘制路径的框线
                DrawCircle.beginPath(); //初始化路径
                DrawCircle.arc(440,300,i*10,Math.PI*0.25,Math.
PI*1.75,true); //逆时针绘制圆弧
                DrawCircle.stroke(); //绘制路径的框线
            }
            DrawCircle.beginPath(); //初始化路径
            DrawCircle.arc(420,300,5,0,Math.PI*2,false); //绘制圆点
            DrawCircle.fill(); //填充路径内部区域
            DrawCircle.moveTo(420,300); //定位到中心位置
            DrawCircle.lineTo(560,300); //绘制一条水平线
            DrawCircle.stroke(); //绘制路径的框线
            DrawCircle.moveTo(550,290); //定位箭头的起始位置
            DrawCircle.lineTo(560,300); //绘制箭头
            DrawCircle.lineTo(550,310); //绘制箭头
            DrawCircle.stroke(); //绘制路径的框线
        </script>
    </body>
</html>
```

（2）任务实现效果图：任务实现效果如图 4-1-4 所示。

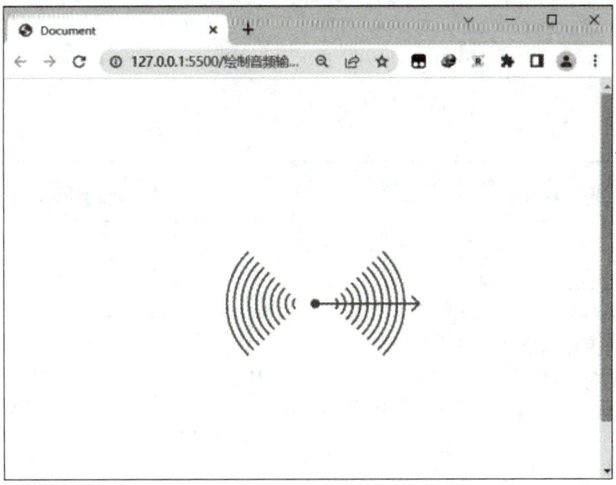

图 4-1-4　绘制“音频输出插孔标识”图片实现效果图

课外拓展

相关知识点　利用 canvas 将图片转换为 Base64 格式

在网站开发中，经常需要处理和优化图片以提高页面加载速度和用户体验。其中常见的做法是将图片转换为 Base64 格式，以便可以嵌入 HTML 网页文件中进行传输。利用 canvas，可以通过 JavaScript 编程来创建和操作图像、图形和动画等，主要做法是使用 canvas.toDataURL( ) 方法，具体实现代码如下：

```
//创建 Image 对象
var pic = new Image();
//指定要导入处理的图片
pic.src = "img/image.jpg";
//图片加载完成后执行匿名回调函数
pic.onload = function(){
  //创建 canvas 元素
  var canvas = document.createElement("canvas");
  var draw = canvas.getContext("2d");
  //设置 canvas 的尺寸，与绘制的图片相同
  canvas.width = pic.width;
  canvas.height = pic.height;
  //在 canvas 上绘制出图片
  draw.drawImage(pic, 0, 0);
  //压缩图片并输出为 Base64 格式
  var picData = canvas.toDataURL("image/jpeg", 0.6);
  //接下来可以继续处理转换后的图片数据
}
```

任务评价

课程名称：网页设计与制作		授课地点：		
学习任务 1：绘制“音频输出插孔标识”图片（canvas 画布）		授课教师：	授课学时：	
课程性质：理实一体课程		综合评分：		
知识掌握情况评分（10分）				
序号	知识考核点	教师评价	分数	得分
1	绘制弧线		2	

续表

2	绘制圆点		3	
3	绘制箭头		3	
4	绘制直线		2	
工作任务完成情况评分（60分）				
序号	能力操作考核点	教师评价	分数	得分
1	项目完成质量		30	
2	程序排错能力		10	
3	与组员的团队配合精神、协调能力		10	
4	精神面貌、专业自信、工匠精神、职业素养		10	
课堂表现情况评分（20分）				
序号	课堂表现考核点	教师评价	分数	得分
1	课堂考勤		10	
2	课堂过程表现		10	
任务总结反思（10分）				

学习任务 2

制作“冰雪大世界”页面（audio 元素、video 元素）

任务要求

（1）熟练掌握 audio 元素、video 元素的属性和设置方法。

（2）在完成参考案例的基础上添加自己的创意及想法。

任务分析

“冰雪大世界”页面内容比较简单，主要为 HTML5 各种标签的使用。在设计时主要注意各标签在使用时所涉及的相关属性的写法要规范，其次要注意选择的视频格式要是 HTML5 所支持的格式，必要时可以通过软件进行格式转换。

学习准备

相关知识点 1　audio 元素

audio 元素用于在网页中播放音频，且标签支持 HTML 的全局属性，在 HTML5 中新增的属性如表 4-2-1 所示。

表 4-2-1　audio 元素的属性

属　性	属　性　值	说　明
autoplay	autoplay	音频就绪时自动播放
controls	controls	显示音频控件
loop	loop	循环播放
muted	muted	静音
preload	auto	自动预加载
	metadata	预加载媒体元数据
	none	不进行预加载
src	url	指定文件路径

audio 元素支持的音频格式有 OGG、MP3、WAV，实现效果图如图 4-2-1 所示。

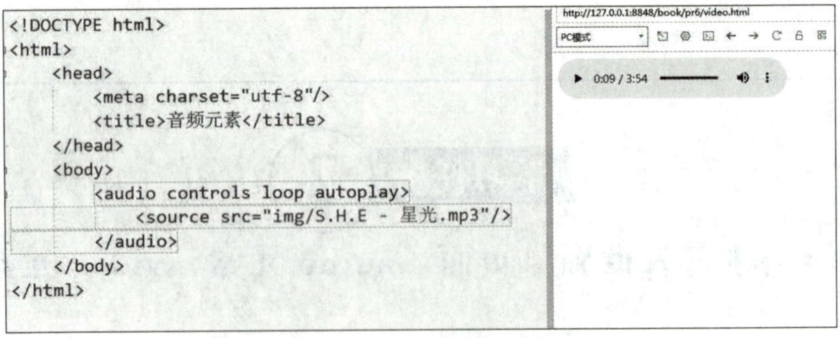

图 4-2-1　audio 元素实现效果图

相关知识点 2　video 元素

video 元素用来在网页中定义视频，支持 OGG、MP4、WebM 视频格式，标签支持全局属性，在 HTML5 中新增的属性如表 4-2-2 所示。

表 4-2-2 video 元素的属性

属 性	属 性 值	说 明
autoplay	autoplay	视频就绪时自动播放
controls	controls	显示音频控件
loop	loop	循环播放
muted	muted	静音
preload	auto	自动预加载
	metadata	预加载媒体元数据
	none	不进行预加载
src	url	指定文件路径
width	px	设置播放器的宽度
height	px	设置播放器的高度
poster	URL	显示图像

任务实施

视频
制作“冰雪大世界”页面讲解

（1）HTML 文件参考代码：

```
<!DOCTYPE html>
<html>
    <head>
        <meta charset="utf-8"/>
        <title>冰雪大世界</title>
    </head>
    <body bgcolor="#599cff">
        <h1 align="center"><font face="华文彩云" color="#fff">欢迎来
到冰雪大世界</font><font face="Blackadder ITC" color="#fff"><br/>Welcome
to Harbin Ice and Snow World,China</font></h1>
        <hr/>
        <center><video height="500px" width="800px"
controls loop autoplay><source src="img/qie.webm"/></video>
</center>
        <hr/>
        <font face="宋体" color="#fff">随着哈尔滨冰雪大世界知名
度的提升，每年都有数百万的外地和国外游客在冰雪节期间来哈尔滨旅游，<br/>使
```

```
其充分发挥了冰雪旅游的龙头作用，也彻底打破了过去我国冬季旅游南热北冷的局面，而形成了南有三亚、北有哈尔滨的旅游新格局 </font>
    </body>
 </html>
```

（2）任务实现效果图：任务实现效果如图 4-2-2 所示。

图 4-2-2 “冰雪大世界”页面实现效果图

任务评价

课程名称：网页设计与制作		授课地点：		
学习任务 2：制作“冰雪大世界”页面（audio 元素、video 元素）		授课教师：	授课学时：	
课程性质：理实一体课程		综合评分：		
知识掌握情况评分（10分）				
序号	知识考核点	教师评价	分数	得分
1	视频设置		5	
2	布局设计		5	

续表

工作任务完成情况评分（60分）				
序号	能力操作考核点	教师评价	分数	得分
1	项目完成质量		30	
2	程序排错能力		10	
3	与组员的团队配合精神、协调能力		10	
4	精神面貌、专业自信、工匠精神、职业素养		10	
课堂表现情况评分（20分）				
序号	课堂表现考核点	教师评价	分数	得分
1	课堂考勤		10	
2	课堂过程表现		10	
任务总结反思（10分）				

课后习题

1. 下列（　　）标签用于在网页上绘制图形。

A. <datalist>　　B. <keygen>

C. <canvas>　　D. <svg>

2. 下列（　　）标签是用于描述二维矢量图形的一种图形格式。

A. <datalist>　　B. <svg>

C. <keygen>　　D. <canvas>

3. 下列（　　）标签用于播放音频文件。

A. <audio>　　B. <video>

C. <source>　　D. <canvas>

4. 下列（　　）标签用于播放视频文件。

A. <audio>　　B. <video>

C. <source>　　D. <canvas>

5. HTML 语义化标签（　　）表示文档导航部分。

A. <main>　　B. <header>

C. <section>　　D. <nav>

6. HTML 语义化标签（　　）表示文档的某一节。

A. <article>　　B. <header>

C. <section>　　D. <nav>

7. HTML5 新增的（　　）表单元素提供一种验证用户的可靠方法，即生成一个公钥和私钥。

A. progress　　B. datalist

C. keygen　　D. meter

8. HTML5 新增的（　　）表单元素用于不同类型的输出。

A. progress　　B. datalist

C. keygen　　D. output

9. HTML5 新增的（　　）表单元素用于表示定义一个进度条。

A. progress　　B. datalist

C. keygen　　D. output

10. HTML5 新增的 input 表单元素中的（　　）属性用于为输入域规定合法的数字间隔。

A. step　　B. required

C. pattern　　D. equired

项目 5

CSS3基础

串联样式表（cascading style sheet，CSS）也称级联样式表，简称样式表。采用 CSS 技术主要是对 Web 文档的样式（如网页的布局，网页中的字体、颜色、背景等）进行统一有效的管理和控制。

本项目主要介绍 CSS 的基础知识，包括 CSS 概述、CSS 样式的引入以及 CSS 选择器。希望通过本项目的学习，学生可以了解 CSS 的基本语法，掌握 CSS 选择器的应用。本项目知识结构如下：

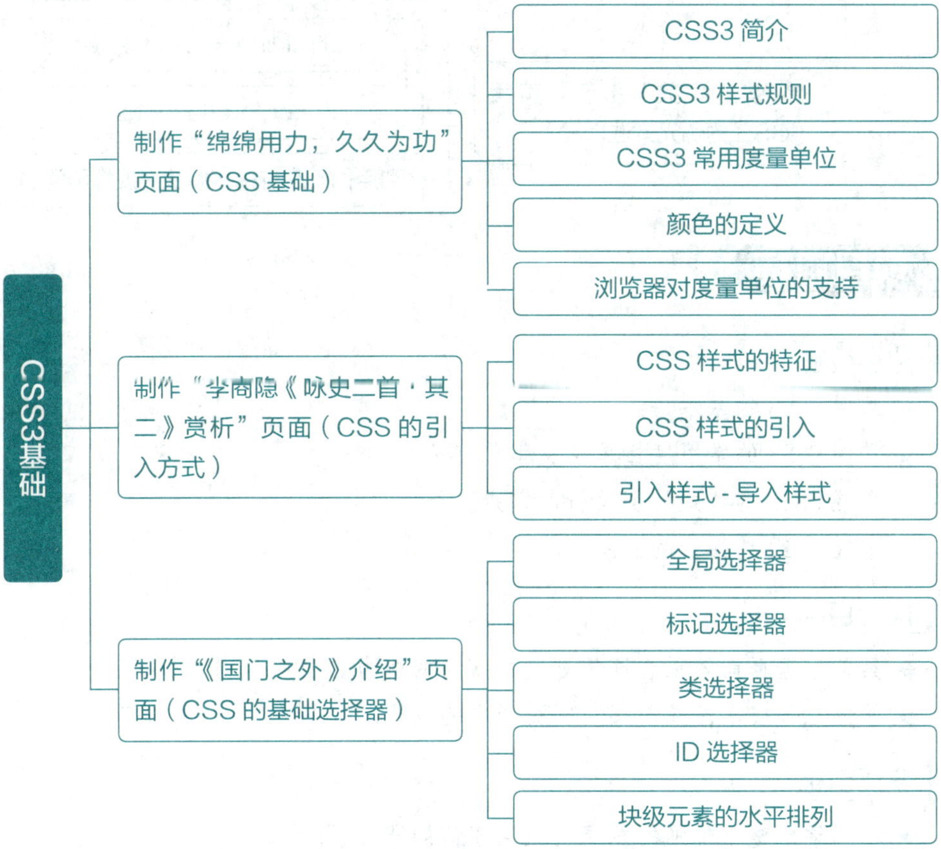

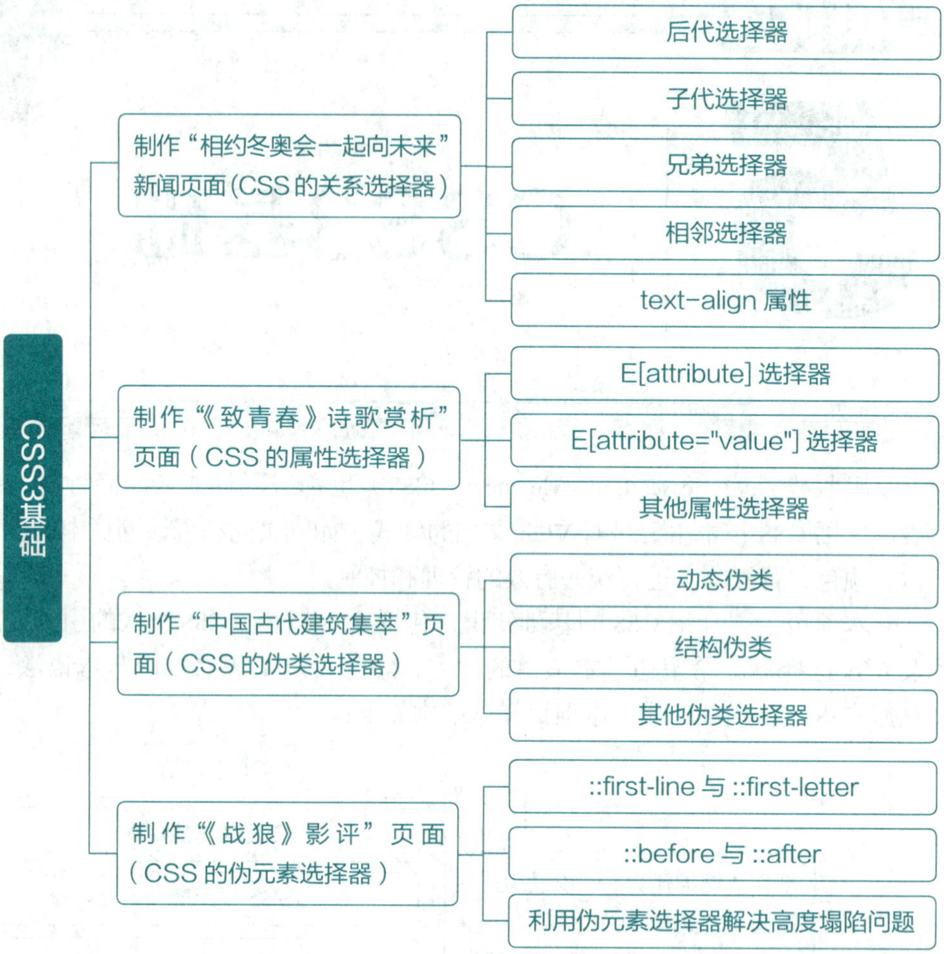

项目目标

知识目标

- 掌握 CSS3 的基本语法。
- 掌握 CSS3 的常用度量单位及颜色定义。
- 掌握 CSS3 的样式特征及引入方式。
- 掌握 CSS3 选择器的应用。

能力目标

- 具备根据页面效果合理规划网页布局的能力。
- 掌握 CSS 技术，从而实现网页样式的设置。

素质目标

- 培养学生遵守规则的意识、诚实守信的职业素养。
- 培养学生勤学善思的学习态度以及严谨求实、勇于创新的工作作风。

- 培养学生互帮互助的团队合作精神、服从大局的思想意识。
- 培养学生的组织能力、沟通能力以及分析解决实际问题的能力。
- 培养学生的动手操作能力以及一丝不苟、精益求精的工匠精神。

学习任务1

制作“绵绵用力，久久为功”页面（CSS基础）

任务要求

编写一个“绵绵用力，久久为功”页面，利用CSS技术修改网页中文本的对齐方式、字号、字体颜色、背景颜色，掌握CSS的基本语法。

任务分析

（1）在Visual Studio Code中新建项目。

（2）新建HTML文档，完成网页内容，添加文字“绵绵用力，久久为功”。

（3）新建CSS文件，完成网页样式，设置字体大小为40 px，对齐方式为居中，颜色为红色，背景颜色为黑色。

学习准备

相关知识点1 CSS3简介

网页设计发展初期，修改样式是通过在HTML元素内设置相应的样式属性来实现的，这种方式存在很大的局限性，同时也带来了很多不便，如网页代码繁杂、不利于后期的代码维护。CSS出现后，HTML主要用于定义网页的结构内容，网页的布局、外观样式等交给CSS控制，实现了网页结构与表现的分离，提高了代码的维护性与可重用性。

CSS3是CSS的最新标准，是朝着模块化发展的一种计算机语言。虽然旧规范已经拆分成多个独立的模块，但CSS3在此基础上又增加了新的模块。一些重要的CSS3模块包括选择器、盒子模型、背景和边框、文字特效、2D/3D转换、动画、多列布局、用户界面等。

CSS3完全向后兼容，因此不必改变现有设计，浏览器也继续支持CSS2。目前主流浏览器Chrome、Safari、Firefox、Opera都支持CSS3的大部分功能。

相关知识点2 CSS3样式规则

一个CSS样式通常由多个样式规则构成，一个样式规则可看作一条CSS基本语句，其基本格式如下：

```
选择器 {
    属性 1: 属性值 1;
    属性 2: 属性值 2;
}
```

选择器为指定要设置相应样式的 HTML 元素（如 p、h1 等），大括号内为具体样式的设置，属性为要设置的内容（如字体、字号、背景颜色等），属性值为具体数值（如“黑体”“20px”“blue”等），“：”和“；”为英文输入法下的半角符号。具体代码如下：

```
p{
    font-size: 30px;
    color: red;
}
```

此代码的含义是对指定的 HTML 文档中的 <p> 标签内的文字设置样式：font-size（字体大小）：30px（30 像素）；color（字体颜色）：red（红色）。

相关知识点 3　CSS3 常用度量单位

在 CSS 设置中常常需要使用度量单位，如以什么样的单位设置网页中的字体大小、边框长度等。按照单位的计算方式，常用度量单位可以分为绝对长度单位和相对长度单位。

绝对长度单位固定大小，不因其他元素尺寸的变化而变化，常见的绝对长度单位如表 5-1-1 所示。

表 5-1-1　常见的绝对长度单位

单　位	名　称	描　述
in	英寸	1 in 等于 2.54 cm，等于 96 px
cm	厘米	1 cm 等于 10 mm，约等于 37.8 px
mm	毫米	1 mm 等于 0.1 cm，约等于 3.78 px
pc	十二点活字	1 pc 等于 1/6 in，等于 16 px
pt	点	1 pt 约等于 1/72 in，约等于 1.33 px
px	像素	固定大小的单元，通常 1 px 代表屏幕设备的一个像素点（屏幕分辨率的最小分割）

相对长度单位没有固定的度量值，是由其他元素的尺寸决定的一个相对值，常见的相对长度单位如表 5-1-2 所示。

表 5-1-2 常见的相对长度单位

单 位	相 对 于	描 述
%	父元素	取值是相对于父元素的百分比，如 50%，其值就是父元素的一半
em	font-size 属性，相对于当前父元素的字体的大小	em 表示元素的 font-size 属性的计算值，如果父元素的值是 16 px, 则 2 em 就是 32 px
ex	字符 x（小写）的高度	ex 指当前环境中小写字母 x 的高度
ch	数字 0 的宽度	ch 指当前环境中数字 0 的宽度
rem	根元素的 font-size	rem 是 root em 的缩写，作用于非根元素时，若根元素的 font-size 为 16 px, 那么 2 rem 就等于 32 px
vh	视窗高度	1 vh = 视窗高度的 1%
vw	视窗宽度	1 vw = 视窗宽度的 1%
vmin	—	vh 和 vw 中的较小值
vmax	—	vh 和 vw 中的较大值

相关知识点 4 颜色的定义

为了美观、强调区别，网页中颜色的运用就必不可少，如设置不同的字体颜色、网页背景颜色、边框颜色等，颜色是网页的样式表现元素之一。

CSS 中颜色的取值可采用颜色关键字，也可采用十六进制等方式，具体如表 5-1-3 所示。

表 5-1-3 颜色的取值方式

颜色取值方式	描 述
red、green、blue	关键字、颜色名
#rrggbb	十六进制数。例如： 红色：#ff0000，可简写为 #f00； 绿色：#00ff00，可简写为 #0f0； 蓝色：#0000ff，可简写为 #00f； 黑色：#000000，可简写为 #000； 白色：#ffffff，可简写为 #fff； 灰色：#333,#999,#aaa 等均为灰色
rgb(x，x，x)	RGB 函数，每个颜色的分量取值为 0~255。例如： 红色：rgb(255,0,0)； 黑色：rgb(0,0,0)； 灰色：rgb(66,66,66)
rgb(x%，x%，x%)	RGB 百分比值，每个颜色取值为 0~100%。例如，红色：rgb（100%，0%，0%）

续表

颜色取值方式	描述
rgba(x, x, x, x)	用于设置颜色透明度的 RGB 值。 a 的取值范围为 0~1： 0：完全透明； 1：完全不透明； 0.5：半透明

任务实施

按照任务要求编写 HTML 和 CSS 文件，本任务希望学生了解 CSS 样式的引入，掌握 CSS 的语法，完成字体大小、字体颜色及背景颜色的设置方法。

视频
制作“绵绵用力，久久为功”页面讲解

（1）HTML 文件代码：

```
<!DOCTYPE html>
<html>
    <head>
        <meta charset="utf-8"/>
        <title>Document</title>
        <link rel="stylesheet" href="css/style.css"/>
    </head>
    <body>
        <p>绵绵用力，久久为功</p>
    </body>
</html>
```

（2）CSS 文件代码：

```
@charset "utf-8";
p{
   text-align: center;           /* 文本对齐方式：居中 */
   font-size: 40px;              /* 字体大小：40 像素 */
   color: red;                   /* 字体颜色：红色，也可以取 #f00 值 */
   background-color: black;      /* 背景颜色：黑色 */
}
```

（3）任务实现效果图：任务实现效果如图 5-1-1 所示。

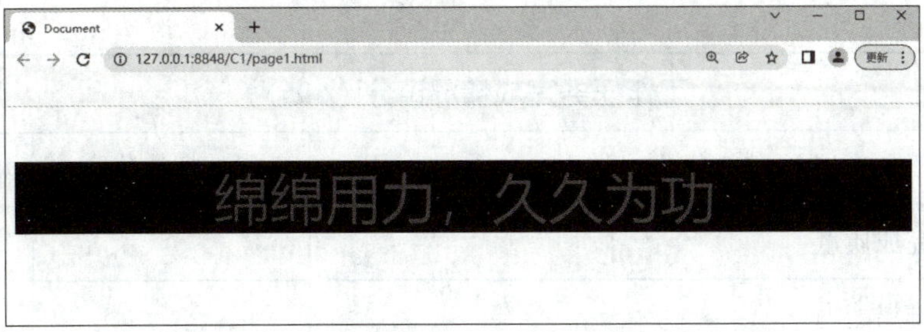

图 5-1-1 “绵绵用力，久久为功”页面实现效果图

课外拓展

相关知识点　浏览器对度量单位的支持

对于 CSS3 中的度量单位，并不是所有浏览器的各版本都支持。为识别这些长度单位，主流浏览器需要的最低版本如表 5-1-4 所示。

表 5-1-4　浏览器需要的最低版本

度量单位	Chrome	IE	Firefox	Safari	Opera
%,px,em,ex,cm,mm,in,pt,pc	1.0	3.0	1.0	1.0	3.5
ch	27.0	9.0	1.0	7.0	20.0
rem	4.0	9.0	3.6	4.1	11.6
vh,vw	20.0	9.0	19.0	6.0	20.0
vmin	20.0	9.0*	19.0	6.0	20.0
vmax	26.0	不支持	19.0	不支持	20.0

任务评价

<table>
<tr><td colspan="2">课程名称：网页设计与制作</td><td colspan="3">授课地点：</td></tr>
<tr><td colspan="2">学习任务 1：制作“绵绵用力，久久为功”页面（CSS 基础）</td><td>授课教师：</td><td colspan="2">授课学时：</td></tr>
<tr><td colspan="2">课程性质：理实一体课程</td><td colspan="3">综合评分：</td></tr>
<tr><td colspan="5">知识掌握情况评分（10分）</td></tr>
<tr><td>序号</td><td>知识考核点</td><td>教师评价</td><td>分数</td><td>得分</td></tr>
<tr><td>1</td><td>掌握 CSS3 基本语法</td><td></td><td>5</td><td></td></tr>
<tr><td>2</td><td>掌握 CSS3 度量单位及颜色定义</td><td></td><td>5</td><td></td></tr>
</table>

续表

工作任务完成情况评分（60分）				
序号	能力操作考核点	教师评价	分数	得分
1	项目完成质量		30	
2	程序排错能力		10	
3	与组员的团队配合精神、协调能力		10	
4	精神面貌、专业自信、工匠精神、职业素养		10	
课堂表现情况评分（20分）				
序号	课堂表现考核点	教师评价	分数	得分
1	课堂考勤		10	
2	课堂过程表现		10	
任务总结反思（10分）				

学习任务2 制作“李商隐《咏史二首·其二》赏析”页面（CSS的引入方式）

任务要求

完成“李商隐《咏史二首·其二》赏析”页面内容与样式的制作，采用三种方式引入CSS样式。

任务分析

（1）新建项目。

（2）新建HTML文档，完成网页内容。

（3）以CSS行内样式方式设置网页外观。

（4）以 CSS 内嵌样式方式完成网页外观。

（5）以 CSS 链接样式方式完成网页外观。

学习准备

相关知识点 1　CSS 样式的特征

1. 继承性

CSS 样式具有继承性，所谓继承性是指若网页中设置了父元素的某种样式，但子元素并没有设置相应样式，那么子元素同样具有父元素的相同样式，也就是子元素继承了父元素的样式。例如，对外层标签设置字体颜色为红色，若内层标签没有设置字体颜色，那么内层标签内的文字也会是红色。但 CSS 中有些属性不能继承，如 border、padding、margin。

2. 层叠性

CSS 样式还具有层叠性，所谓层叠性是指对某元素多次设置同一样式，如先对某一文本设置了 color：red；，后又设置了 color：blue；，这就会产生样式冲突，此时 CSS 就会依据规则（优先级 / 权重）来处理这种冲突，选择权重高的 CSS 选择器所指定的属性，优先级高 / 权重高的覆盖优先级低 / 权重低的，因此称为层叠。

3. 优先级

CSS 优先级是指 CSS 样式在浏览器中被解析的先后顺序。一个页面如果引入了多种 CSS 样式，这些样式共同作用于同一元素，哪一种样式生效呢？这就出现优先级的问题，浏览器就是通过优先级来判断哪个样式规则与元素最相关，从而将其应用到该元素上的。

CSS 为每一个基础选择器都分配了权重值，权重值越大，优先级就越高。当权重值相同时，后定义的规则生效。另外，定义的范围越小，优先级越大，如对父元素及该父元素下的子元素中的内容都设置了同一属性的不同属性值，则子元素的定义生效。

相关知识点 2　CSS 样式的引入

在 HTML 文档中完成网页结构内容的制作后，若要由 CSS 来控制网页的外观样式，需要在 HTML 文档中引入 CSS 样式，引入方式主要有以下 3 种。

1. 行内样式

CSS 样式定义在 HTML 元素标签的 style 属性内，语法格式如下：

```
<标签名  style="属性 1: 属性值; 属性 2: 属性值; ……">
```

例如：

```
<p  style="font-size: 20px;color: red;">20 像素大小的红色文本 </p>
```

实现效果如图 5-2-1 所示。

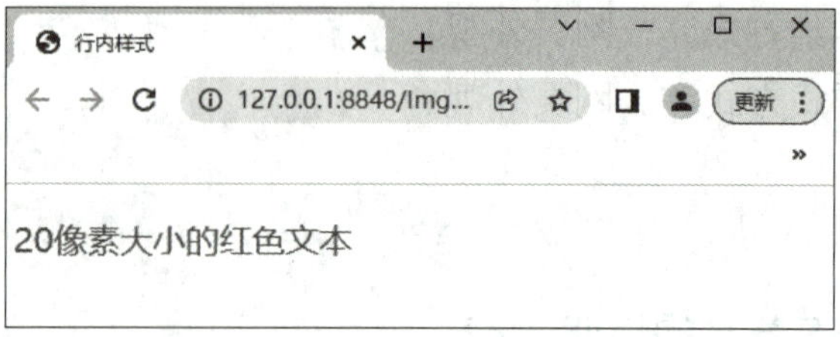

图 5-2-1 “行内样式”实现效果图

注意：行内样式引入的 CSS 样式只对当前行生效，没有实现结构与表现的分离，仍然不利于代码的维护，也无法重用。

2. 内嵌样式

CSS 样式定义在 HTML 文档的 <head>…</head> 标签内，写在 <style>…</style> 标签内，语法格式如下：

```
<head>
    <style  type="text/css">
        选择器 {
            属性 1: 属性值 1;
            属性 2: 属性值 2;
            ……
        }
    </style>
</head>
```

其中，<style> 标签内的 type 属性指明了其内部定义的是 CSS 样式，在 HTML5 中，该属性默认为“text/css”，因此可省略。

例如：

```
<html>
<head>
    <meta charset="utf-8"/>
    <title> 内嵌样式 </title>
    <style  type="text/css">
        h2{
            color: blue;
            font-style: italic;    /* 字体样式: 斜体 */
        }
        p{
```

```
            color: #F00;
            text-decoration: underline;   /* 文本装饰：下划线 */
        }
    </style>
</head>
<body>
    <h2>蓝色二级标题斜体显示</h2>
    <p>红色正文添加下划线</p>
</body>
</html>
```

实现效果如图 5-2-2 所示。

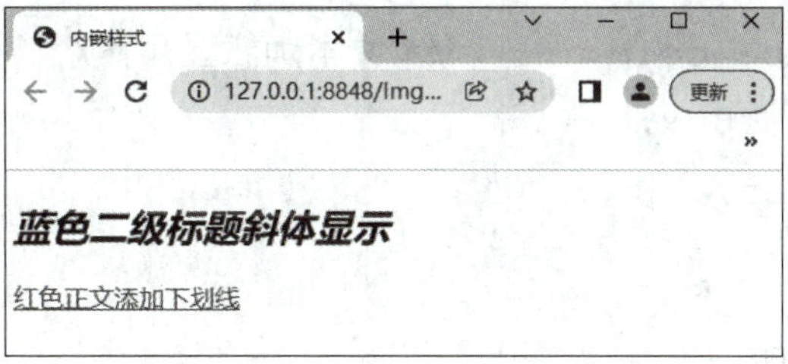

图 5-2-2 “内嵌样式”实现效果图

注意：内嵌样式引入的 CSS 样式只对当前 HTML 文档生效，虽然实现了结构与表现的分离，但不能重用。

3. 链接样式

CSS 样式单独定义在扩展名为 .css 的文件中，在 <head>…</head> 标签内通过 <link/> 标签链接 CSS 文件，从而在 HTML 文档中引入 CSS 样式，语法格式如下：

```
<head>
    <link  rel="stylesheet"  href="CSS 文件的地址"  type="text/css"/>
</head>
```

其中，rel 属性定义引入文件与当前文档的关系，stylesheet 表示的是一个样式表文件；href 属性为要引入文件的地址（相对路径）。

CSS 文件应新建在当前站点文件下名为 css 的文件夹中。

例如：

（1）创建 HTML 文档，编写网页内容：

```
<html>
    <head>
```

```
        <meta charset="utf-8"/>
        <title>链接样式</title>
        <link rel="stylesheet" href="css/style.css"/>
    </head>
    <body>
        <p>这是设置了加粗显示 20 像素的绿色文本！</p>
    </body>
</html>
```

（2）创建 CSS 文件，编写网页样式：

```
@charset "utf-8";
p{
    font-weight: bold;      /*文本加粗显示*/
    font-size: 20px;
    color: green;
}
```

实现效果如图 5-2-3 所示。

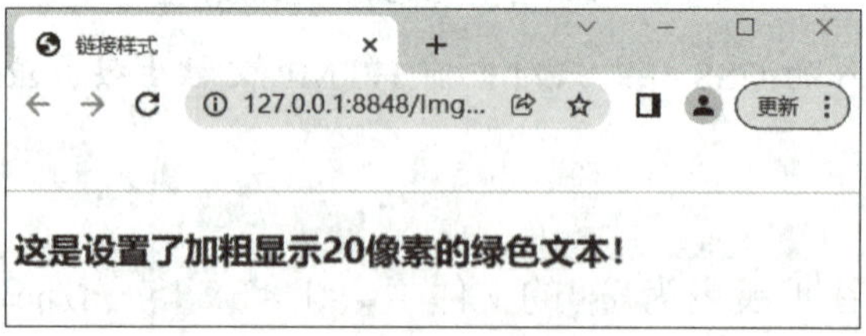

图 5-2-3 “链接样式”实现效果图

视频
制作“李商隐《咏史二首·其二》赏析”页面讲解

注意：链接样式实现了网页结构与表现的完全分离，是前端最常用的 CSS 样式引入方式。其中，行内样式的优先级高于内嵌样式（链接样式）。

任务实施

按照任务要求，编写 HTML 和 CSS 代码，掌握 CSS 样式引入的 3 种方式，体会 CSS 样式表特征。

（1）行内样式引入：

```
<!DOCTYPE html>
<html>
    <head>
```

```
        <meta charset="utf-8"/>
        <title>《咏史二首 其二》赏析</title>
    </head>
    <body>
   <div  style="margin:0 auto;width:700px;font-size:20px;
text-align: center;background-color: #ddd">
         <h3>咏史二首 其二</h3>
         <h5>[唐]李商隐</h5>
         <p>历览前贤国与家，成由勤俭破由奢。</p>
         <p>何须琥珀方为枕，岂得真珠始是车。</p>
         <p>运去不逢青海马，力穷难拔蜀山蛇。</p>
         <p>几人曾预南薰曲，终古苍梧哭翠华。</p>
         <img src="img/lishangyin.png" alt="图片走丢了">
   </div>
   <hr/>
   <h4>译注：</h4>
   <p>    纵观历史，勤俭使一个国家兴盛，奢侈则使一个国家衰败。这首咏史诗，根据历史兴衰规律，并结合古人思想，提出了“成由勤俭破由奢”的观点，发人深省。这首诗作于唐开成五年（840年）文宗去世之后。唐文宗即位之后，颇思励精图治，去奢从俭。当时，朝内朋党相互倾轧，宦官掌握禁军，干涉朝政，甚至弑杀皇帝。文宗欲夺回政权，曾两次谋诛宦官，均以失败告终。最后，文宗郁悒成疾，含恨而终。李商隐作此诗既有伤悼文宗之意，同时又深虑唐王朝日薄西山，于是一开始便发出“历览前贤国与家，成由勤俭破由奢”的千古长叹。</p>
   </body>
</html>
```

（2）内嵌样式引入：

```
<!DOCTYPE html>
<html>
    <head>
        <meta charset="utf-8"/>
        <title>《咏史二首 其二》赏析</title>
        <style>
    div{
           margin: 0 auto;
```

```
                width: 700px;
                font-size: 20px;
                text-align: center;
                background-color: #ddd;
            }
            img{
                width: 70%;
            }
        </style>
    </head>
<body>
<div>
        <h3> 咏史二首  其二 </h3>
        <h5>[ 唐 ] 李商隐 </h5>
        <p> 历览前贤国与家，成由勤俭破由奢。</p>
        <p> 何须琥珀方为枕，岂得真珠始是车。</p>
        <p> 运去不逢青海马，力穷难拔蜀山蛇。</p>
        <p> 几人曾预南薰曲，终古苍梧哭翠华。</p>
        <img src="img/lishangyin.png" alt=" 图片走丢了 "/>
    </div>
    <hr/>
    <h4> 译注: </h4>
    <p>     纵观历史，勤俭使一个国家兴盛，奢侈则使一个国家衰败。这首咏史诗，根据历史兴衰规律，并结合古人思想，提出了“成由勤俭破由奢”的观点，发人深省。这首诗作于唐开成五年（840 年）文宗去世之后。唐文宗即位之后，颇思励精图治，去奢从俭。当时，朝内朋党相互倾轧，宦官掌握禁军，干涉朝政，甚至弑杀皇帝。文宗欲夺回政权，曾两次谋诛宦官，均以失败告终。最后，文宗郁悒成疾，含恨而终。李商隐作此诗既有伤悼文宗之意，同时又深虑唐王朝日薄西山，于是一开始便发出“历览前贤国与家，成由勤俭破由奢”的千古长叹。</p>
    </body>
</html>
```

（3）链接样式引入：

① HTML 文件代码：

```
<!DOCTYPE html>
<html>
```

```
<head>
    <meta charset="utf-8"/>
    <title>《咏史二首 其二》赏析 </title>
    <link rel="stylesheet" href="css/style.css"/>
</head>
<body>
    <div>
        <h3> 咏史二首 其二 </h3>
        <h5>[ 唐 ] 李商隐 </h5>
        <p> 历览前贤国与家，成由勤俭破由奢。</p>
        <p> 何须琥珀方为枕，岂得真珠始是车。</p>
        <p> 运去不逢青海马，力穷难拔蜀山蛇。</p>
        <p> 几人曾预南薰曲，终古苍梧哭翠华。</p>
        <img src="img/lishangyin.png" alt=" 图片走丢了 ">
    </div>
    <hr/>
    <h4> 译注：</h4>
    <p>     纵观历史，勤俭使一个国家兴盛，奢侈则使一个国家衰败。这首咏史诗，根据历史兴衰规律，并结合古人思想，提出了“成由勤俭破由奢”的观点，发人深省。这首诗作于唐开成五年（840 年）文宗去世之后。唐文宗即位之后，颇思励精图治，去奢从俭。当时，朝内朋党相互倾轧，宦官掌握禁军，干涉朝政，甚至弑杀皇帝。文宗欲夺回政权，曾两次谋诛宦官，均以失败告终。最后，文宗郁悒成疾，含恨而终。李商隐作此诗既有伤悼文宗之意，同时又深虑唐王朝日薄西山，于是一开始便发出“历览前贤国与家，成由勤俭破由奢”的千古长叹。</p>
  </body>
</html>
```

② CSS 文件代码：

```
@charset "utf-8";
div{
  margin: 0 auto;
    width: 700px;
    font-size: 20px;
    text-align: center;
```

```
    background-color: #ddd;
}
img{
    width: 70%;
}
```

（4）任务实现效果图：任务实现效果如图 5-2-4 所示。

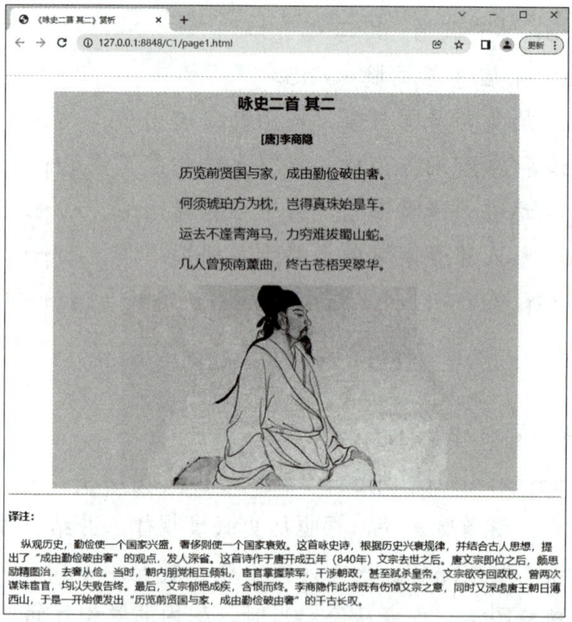

图 5-2-4 “李商隐《咏史二首 · 其二》赏析”页面实现效果图

课外拓展

相关知识点　引入样式 - 导入样式

CSS 样式单独定义在扩展名为 .css 的文件中，在 <head>…</head> 内通过 @import 导入 CSS 文件，从而在 HTML 文档中引入 CSS 样式，语法格式如下：

```
<head>
    <style>
    @import url("CSS 文件相对路径 "); /* 或 @import "CSS 文件相对路径 "*/
    </style>
</head>
```

同样是引入外部样式，@import 与 <link/> 的区别如下：

（1）加载文件的顺序不同。用户在浏览页面时，@import 先加载 HTML 文件，之后再加载 CSS 文件，若网速较慢，则可能出现先打开一个没有样式的网页文件的情况；<link/> 同时加载 HTML 与 CSS 文件。

（2）引入文件类型不同。@import 是 CSS 提供的一种方式，因此只能引入 CSS 文件；<link/> 是 HTML 标签，既可以引入 CSS 文件，也可以引入其他文件，如图标。

（3）JavaScript 在操作 DOM 时，只能操作由 <link/> 引入的 CSS 文件。

（4）兼容性不同。@import 是 CSS 2.1 提出的，所以 IE 5 以上版本的浏览器才能识别它；<link/> 则不需要。

任务评价

课程名称：网页设计与制作		授课地点：		
学习任务 2：制作“李商隐《咏史二首·其二》赏析”页面（CSS 的引入方式）		授课教师：	授课学时：	
课程性质：理实一体课程		综合评分：		
知识掌握情况评分（10分）				
序号	知识考核点	教师评价	分数	得分
1	掌握 CSS 的基本特征		5	
2	掌握 CSS 的引入方式		5	
工作任务完成情况评分（60分）				
序号	能力操作考核点	教师评价	分数	得分
1	项目完成质量		30	
2	程序排错能力		10	
3	与组员的团队配合精神、协调能力		10	
4	精神面貌、专业自信、工匠精神、职业素养		10	
课堂表现情况评分（20分）				
序号	课堂表现考核点	教师评价	分数	得分
1	课堂考勤		10	
2	课堂过程表现		10	
任务总结反思（10分）				

学习任务 3 制作“《国门之外》介绍”页面（CSS 的基础选择器）

任务要求

完成“《国门之外》介绍”页面内容与样式的制作，合理使用 CSS 的基础选择器。

任务分析

（1）新建项目。

（2）新建 HTML 文档，完成网页内容。

（3）新建 CSS 文件。

（4）使用 CSS 基础选择器设置网页外观样式。

学习准备

相关知识点 1　全局选择器

全局选择器又称通用选择器，通常设置 HTML 文档中元素的共同属性样式，即全局选择器会选中 HTML 中的所有元素。例如，设置网页的边距及所有元素的内边距为固定值，或设置页面的字体颜色为同一颜色等来增加美感。这些共同的属性就可以运用全局选择器来实现。

全局选择器的基本格式如下：

```
*{
    属性 1: 属性值 1;
    属性 2: 属性值 2;
    ……
}
```

【例 5-3-1】 全局选择器的应用，具体代码如下：

```
<head>
  <meta charset="utf-8"/>
  <title> 全局选择器 </title>
  <style>
   *{     /* 全局选择器 */
```

```
            color: #f00;
        }
    </style>
</head>
<body>
    <h1>全局选择器应用</h1>
    <p>运用全局选择器设置网页中所有字体颜色为红色！</p>
    <a  href="#">超链接</a>
</body>
```

实现效果如图 5-3-1 所示。

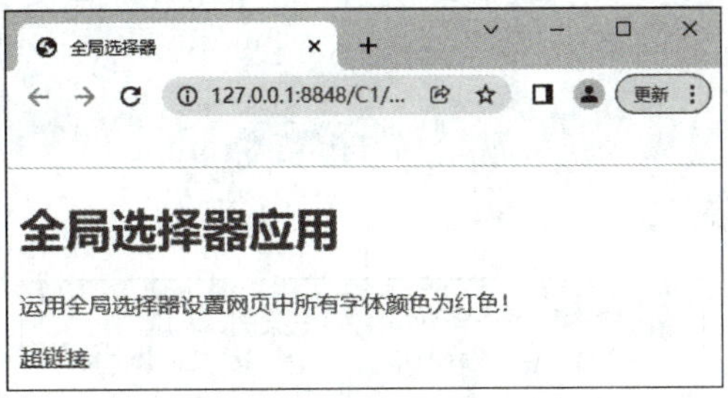

图 5-3-1　全局选择器实现效果图

相关知识点 2　标记选择器

标记选择器又称元素选择器，是以元素标签名来定义的。当 HTML 文档中的某种元素具有统一的样式属性时就可以运用标记选择器。例如，如果网页中所有的 <p> 内的文字需要统一设置字体样式，就可以采用名为 p 的选择器。

标记选择器的基本格式如下：

```
标签名{
    属性 1: 属性值 1;
    属性 2: 属性值 2;
    ……
}
```

【例 5-3-2】 标记选择器的应用，具体代码如下：

```
<head>
    <meta charset="utf-8"/>
    <title>标记选择器</title>
    <style>
```

```
        p{    /* 标记选择器 */
            font-size: 20px;
            color: green;
            font-style: italic;        /* 斜体显示 */
        }
    </style>
</head>
<body>
    <h1> 标记选择器应用 </h1>
    <p> 运用标记选择器设置段落标签中的字体颜色为绿色！ </p>
    <p> 字体大小为 20 像素！ </p>
    <p> 字体倾斜显示！ </p>
</body>
```

实现效果如图 5-3-2 所示。

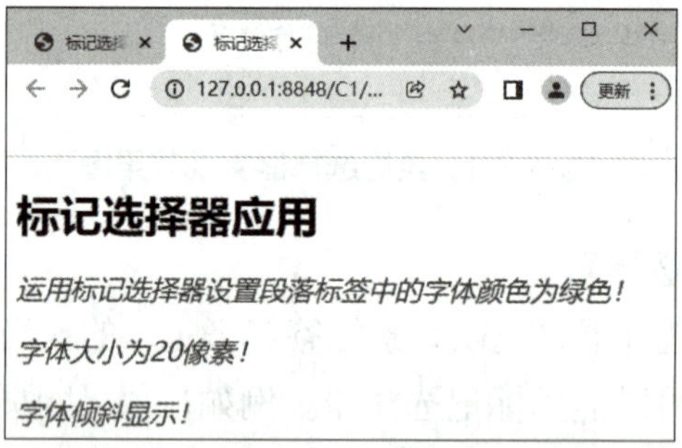

图 5-3-2　标记选择器实现效果图

注意：在 HTML 中，除
 外，所有的元素都可以通过标记选择器进行样式的设置，如 <body>、<h1>~<h6>、<a>、<img/>、<div>、<span> 等。通过标记选择器设置样式，文档中所有此标签下的内容样式都将被修改。

相关知识点 3　类选择器

全局选择器和标记选择器在实际设置中不够灵活，不能单独设置某一个或某几个元素的样式，类选择器就解决了这一问题。

类选择器是通过指明要设置样式的元素的类名来定义的，首先要设置元素的 class 属性值，即设置元素的类名：

```
< 标签名  class=" 类名 ">
```

注意：类名只能由数字、字母、“_”及“-”组成，不能以数字开头，字母区分大小写，建议使用小写字母，尽量做到见名知意。

另外，在 CSS 中通过类选择器设置样式，基本格式如下：

```
.类名{
    属性 1: 属性值 1;
    属性 2: 属性值 2;
    ……
}
```

【例 5-3-3】 类选择器的应用，具体代码如下：

```
<head>
  <meta charset="utf-8"/>
  <title>类选择器</title>
  <style>
     .text1{   /* 类选择器 */
         color: #f00;
     }
     .text2{
         color: #0f0;
     }
     .text3{
         font-weight: bold;
     }
   </style>
</head>
<body>
   <h1>类选择器应用</h1>
   <p class="text1">段落 1: 运用类选择器设置字体颜色为红色! </p>
   <p class="text2">段落 2: 运用类选择器设置字体颜色为绿色! </p>
   <p class="text2">段落 3: 运用类选择器设置字体颜色为绿色! </p>
   <p class="text3">段落 4: 运用类选择器设置字体加粗显示! </p>
   <p class="text1 text3">段落 5: 运用类选择器设置字体颜色为红色、
加粗显示! </p>
</body>
```

实现效果如图 5-3-3 所示。

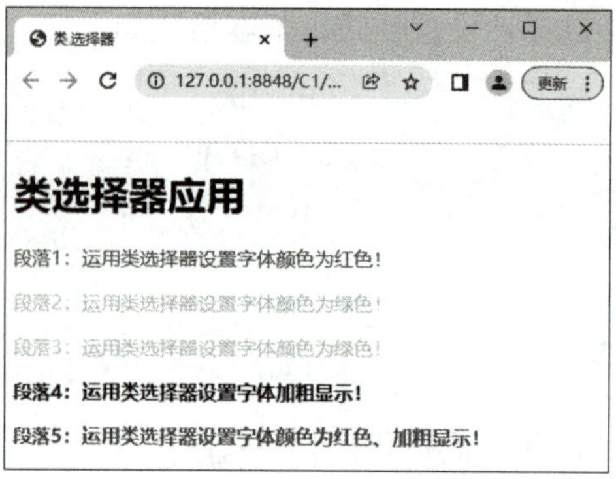

图 5-3-3　类选择器实现效果图

注意： 类名可重复，即具有相同样式的元素可设置同一个类名；一个元素可设置多个类名，类名间用空格隔开。

相关知识点 4　ID 选择器

在 HTML 中，除
 外，所有的元素都有一个 id 属性，作为元素的唯一标志。HTML 文档中元素的 id 不能重复。ID 选择器正是通过指明元素的 id 名来设置相应样式的。

使用 ID 选择器首先要设置元素的 id 属性：

```
<标签名 id="id名 ">
```

其次，在 CSS 中通过 ID 选择器设置样式，基本格式如下：

```
#id名 {
    属性 1: 属性值 1;
    属性 2: 属性值 2;
    ……
}
```

【例 5-3-4】 ID 选择器的应用，具体代码如下：

```
<head>
  <meta charset="utf-8"/>
  <title>ID 选择器 </title>
  <style>
    #p1{ /* ID 选择器 */
      color: #f00;
    }
    #p2{
      color: #0f0;
```

```
        }
    </style>
</head>
<body>
    <h1>ID 选择器应用 </h1>
    <p id="p1"> 段落 1: 运用 id 选择器设置字体颜色为红色! </p>
    <p id="p2"> 段落 2: 运用 id 选择器设置字体颜色为绿色! </p>
</body>
```

实现效果如图 5-3-4 所示。

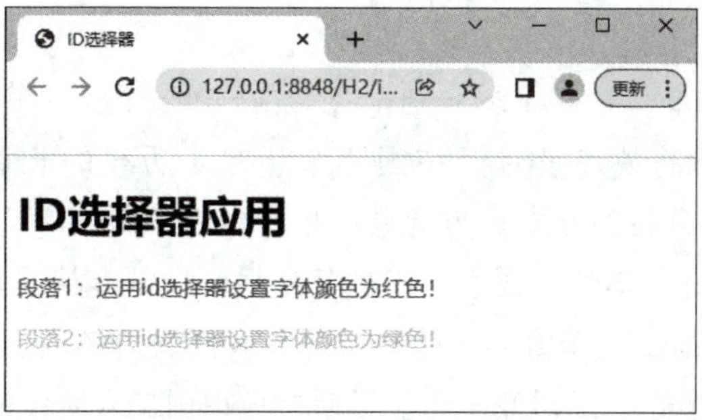

图 5-3-4　ID 选择器实现效果图

注意： 选择器定义的范围越大，优先级越小，因此，基础选择器的优先级具有以下关系：ID 选择器 > 类选择器 > 标记选择器 > 全局选择器。

任务实施

按照任务要求，编写 HTML 和 CSS 代码，掌握 CSS 基础选择器的应用。

视频
制作“《国门之外》介绍”页面讲解

（1）HTML 文件代码：

```
<!DOCTYPE html>
<html>
    <head>
         <meta charset="utf-8"/>
         <title> 国门之外 </title>
         <link rel="stylesheet" href="css/style.css"/>
   </head>
   <body>
         <div class="header">
```

```
            <h1>好书推荐</h1>
            <hr/>
        </div>
        <div class="content">
            <div class="left">
                <img src="img/guomenzhiwai.jpg" alt=" "/>
            </div>
            <div class="right">
                <p class="text">《国门之外》</p>
                <p class="text">作者：孟广顺</p>
                <hr/>
                <p><span class="text">简介：</span>《国门之外》为首部描写中国高铁建设者开拓国际市场艰辛历程的长篇小说，以中国高铁建设企业远赴海外发展、开拓国际市场为背景，生动叙述了高铁建设者响应“一带一路”建设倡议走出国门，在家庭、集体、国家之间进行抉择，默默奉献甚至献出生命的感人故事。整部作品记录了当代中国工人筚路蓝缕的艰辛历程和高尚情怀，生动塑造不畏艰险、坚守信仰、忠心报国的高铁参建职工群像，彰显了新时代中国工人阶级的精神风貌。</p>
                <hr/>
            </div>
        </div>
        <div class="footer">
            <hr/>
            <p id="footer">立身以立学为先，立学以读书为本    ——欧阳修</p>
        </div>
    </body>
</html>
```

（2）CSS 文件代码：

```
@charset "utf-8";
*{
    color: #333;
}
.header{
    width: 1000px;
```

```
    height: 100px;
}
.content{
    width: 1000px;
    height: 400px;
}
.left,.right{
    width: 500px;
    height: 400px;
    float: left;            /* 块级元素水平排列需加 float 属性 */
}
img{
    height: 90%;
}
p{
    line-height: 30px;
}
.text{
    font-weight: bold;
}
.footer{
    width: 1000px;
}
#footer{
    text-align: center;
    font-style: italic;
}
```

（3）任务实现效果图：任务实现效果如图 5-3-5 所示。

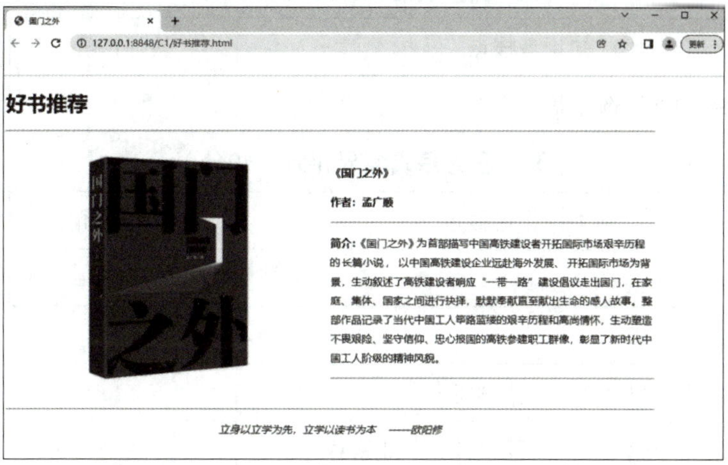

图 5-3-5 “《国门之外》介绍”页面实现效果图

课外拓展

相关知识点　块级元素的水平排列

页面中块级元素水平排列时（图 5-3-6），需要为所有水平排列的块级元素添加属性“float：left；”（向左浮动），但此时添加 float 属性的块级元素就会脱离文档流（在页面中不占据位置），需要为父元素添加高度。

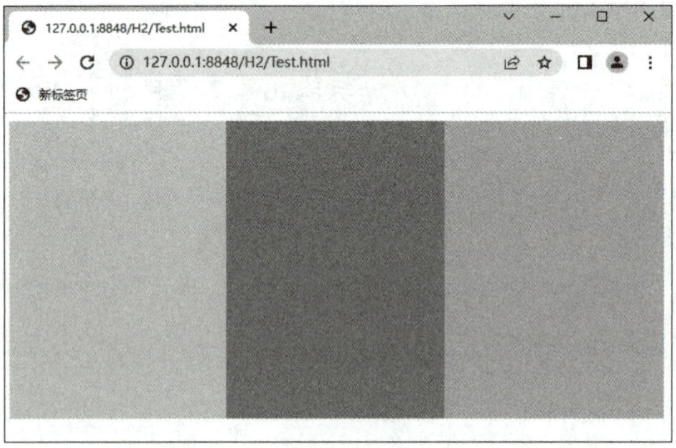

图 5-3-6　块级元素水平排列效果图

任务评价

课程名称：网页设计与制作		授课地点：		
学习任务 3：制作“《国门之外》介绍”页面（CSS 的基础选择器）		授课教师：	授课学时：	
课程性质：理实一体课程		综合评分：		
知识掌握情况评分（10分）				
序号	知识考核点	教师评价	分数	得分
1	掌握 CSS 的基础选择器		10	
工作任务完成情况评分（60分）				
序号	能力操作考核点	教师评价	分数	得分
1	项目完成质量		30	
2	程序排错能力		10	
3	与组员的团队配合精神、协调能力		10	
4	精神面貌、专业自信、工匠精神、职业素养		10	

续表

课堂表现情况评分（20分）				
序号	课堂表现考核点	教师评价	分数	得分
1	课堂考勤		10	
2	课堂过程表现		10	
任务总结反思（10分）				

学习任务 4 制作“相约冬奥会　一起向未来”新闻页面（CSS 的关系选择器）

任务要求

完成“相约冬奥会　一起向未来”新闻网页内容与样式的制作，恰当运用 CSS 的关系选择器。

任务分析

（1）新建项目。

（2）新建 HTML 文档，完成网页内容。

（3）新建 CSS 文件。

（4）利用 CSS 基础选择器及关系选择器设置网页外观样式。

学习准备

相关知识点 1　后代选择器

HTML 中常见标签嵌套的情况，这种嵌套可以任意多层，最外层的标签称为父元素，内层的标签无论是哪一层都是父元素的后代元素。后代选择器就是设置父元素的某种后代元素的相同样式。例如，一个父元素内有多种标签，其中 <p> 标签内的文字都为红色、字体大小都为 20 px，这时就可以通过后代选择器设置这些 <p> 的共同样式。

后代选择器的基本格式如下：

```
父元素选择器  后代元素选择器 {
    属性 1: 属性值 1;
    属性 2: 属性值 2;
    ……
}
```

其中，父元素和后代元素的选择器均为基础选择器。

【例 5-4-1】 使用后代选择器设置 <div class="box1"> 内所有的后代元素 <p> 内的文字为红色、字体大小为 20 px，具体代码如下：

```
<html>
    <head>
      <meta charset="utf-8"/>
      <title>后代选择器</title>
      <style>
            .box1 p{  /*后代选择器*/
               color: #f00;
               font-size: 20px;
            }
      </style>
    </head>
    <body>
      <div  class="box1">
            区域盒子 1
            <p>这是区域盒子 1 内的段落标签的文字 !</p>
            <div class="box2">
                区域盒子 2
                <p>这是区域盒子 2 内的段落标签的文字! </p>
            </div>
            <a  href="#">超链接 1</a>
            <a  href="#">超链接 2</a>
      </div>
    </body>
</html>
```

实现效果如图 5-4-1 所示。

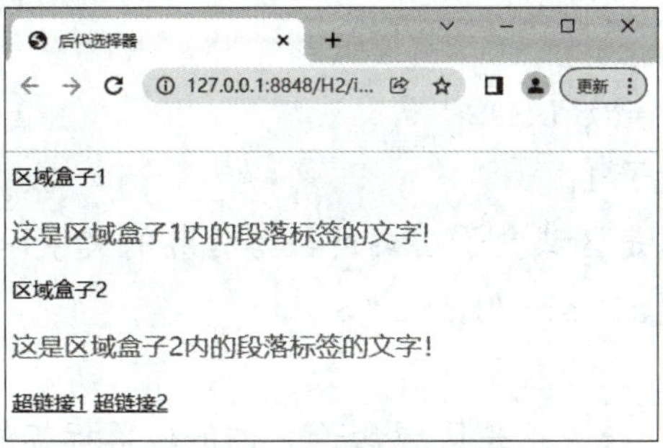

图 5-4-1 后代选择器实现效果图

相关知识点 2 子代选择器

在 HTML 的嵌套标签中，最外层的标签为父元素，内部的第一层标签称为子元素，其余为后代元素。子代选择器就是设置父元素的某种子元素的相同样式。例如，一个父元素内有多种子元素，其中，子元素 <p> 内的文字为红色、字体大小为 20 px，这时就可以通过子代选择器设置这些 <p> 的共同样式。

子代选择器的基本格式如下：

```
父元素选择器 > 子元素选择器 {
    属性 1: 属性值 1;
    属性 2: 属性值 2;
    ……
}
```

其中，父元素和子元素的选择器均为基础选择器。

【例 5-4-2】 使用子代选择器设置 <div class="box1"> 内所有的子元素 <p> 内的文字为红色、字体大小为 20 px，具体代码如下：

```
<html>
    <head>
      <meta charset="utf-8"/>
      <title> 子代选择器 </title>
      <style>
          .box1>p{    /* 子代选择器 */
                color: #f00;
                font-size: 20px;
          }
      </style>
```

```
  </head>
  <body>
    <div  class="box1">
          区域盒子 1
          <p> 这是区域盒子 1 内的段落标签的文字!</p>
          <div class="box2">
                区域盒子 2
                <p> 这是区域盒子 2 内的段落标签的文字!</p>
          </div>
          <a  href="#"> 超链接 1</a>
          <a  href="#"> 超链接 2</a>
    </div>
  </body>
</html>
```

实现效果如图 5-4-2 所示。

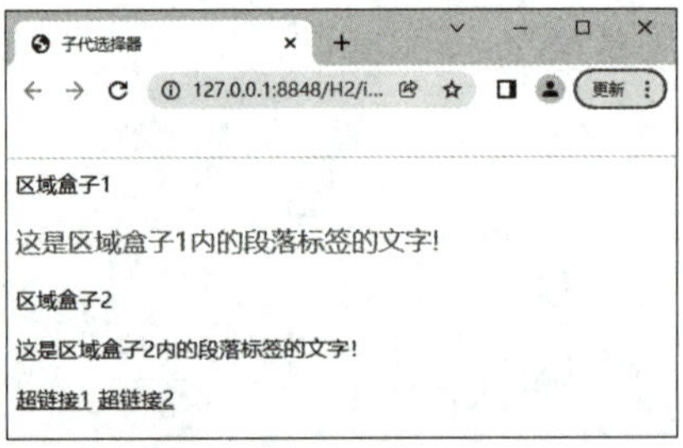

图 5-4-2　子代选择器实现效果图

相关知识点 3　兄弟选择器

在 HTML 文档的标签中，有一类标签具有如下特点：有相同的父元素、本身不具有嵌套关系、属于同级，可以把这样的标签看成兄弟元素。兄弟选择器就是设置指定元素后某类兄弟元素的共同样式。例如，一个元素后有多个兄弟元素 <p>，设置它们标签内的文字为红色、字体大小为 20 px，这时就可以通过兄弟选择器设置这些 <p> 的共同样式。

兄弟选择器的基本格式如下：

```
选择器 ~ 兄弟元素选择器 {
    属性 1: 属性值 1;
    属性 2: 属性值 2;
    ……
}
```

其中，元素及其兄弟元素的选择器均为基础选择器。

【例 5-4-3】 使用兄弟选择器设置 <h3> 后所有的兄弟元素 <p> 内的文字为红色、字体大小为 20 px，具体代码如下：

```
<html>
    <head>
      <meta charset="utf-8"/>
      <title>兄弟选择器</title>
      <style>
          h3~p{ /* 兄弟选择器 */
              color: #f00;
              font-size: 20px;
          }
      </style>
    </head>
    <body>
          <div>
              <p>段落 1 为 h3 前面的兄弟元素!</p>
              <h3>兄弟选择器的应用: 我是 h3!</h3>
              <p>段落 2 为 h3 后面的兄弟元素!</p>
              <p>段落 3 也是 h3 后面的兄弟元素!</p>
              <p>段落 4: 我们都是红色、20px 的文字!</p>
              <a href="#">超链接 1</a>
              <a href="#">超链接 2</a>
          </div>
    </body>
</html>
```

实现效果如图 5-4-3 所示。

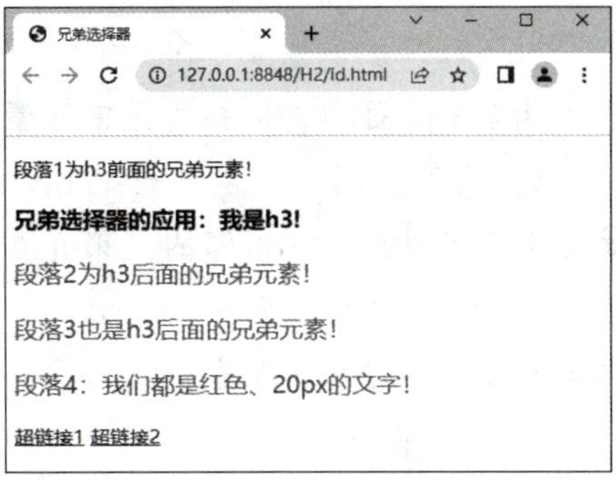

图 5-4-3　兄弟选择器实现效果图

相关知识点 4　相邻选择器

相邻选择器也称相邻兄弟选择器。相邻兄弟元素就是与指定元素挨着的某类兄弟元素。相邻兄弟选择器就是设置指定元素后与其相邻的某个兄弟元素的样式。例如，一个元素后有一个兄弟元素 <p>，设置这个 <p> 内的文字为红色、字体大小为 20 px，这时就可以通过相邻兄弟选择器来设置。

相邻选择器的基本格式如下：

```
选择器 + 相邻元素选择器 {
    属性 1: 属性值 1;
    属性 2: 属性值 2;
    ……
}
```

其中，元素及其相邻兄弟元素的选择器均为基础选择器。

【例 5-4-4】 使用相邻兄弟选择器设置 <h3> 后第一个兄弟元素 <p> 内的文字为红色、字体大小为 20 px，具体代码如下：

```
<html>
    <head>
      <meta charset="utf-8"/>
      <title> 相邻兄弟选择器 </title>
      <style>
           h3+p{ /* 相邻兄弟选择器 */
                color:#f00;
                font-size: 20px;
           }
      </style>
    </head>
    <body>
         <div>
              <p> 段落 1 为 h3 前面和它相邻的兄弟元素！</p>
              <h3> 兄弟选择器的应用：我是 h3!</h3>
              <p> 段落 2 为 h3 后面和它相邻的兄弟元素！</p>
              <p> 段落 3 也是 h3 的兄弟元素！</p>
              <p> 段落 4 也是 h3 的兄弟元素！</p>
              <a href="#"> 超链接 1</a>
              <a href="#"> 超链接 2</a>
```

```
        </div>
    </body>
</html>
```

实现效果如图 5-4-4 所示。

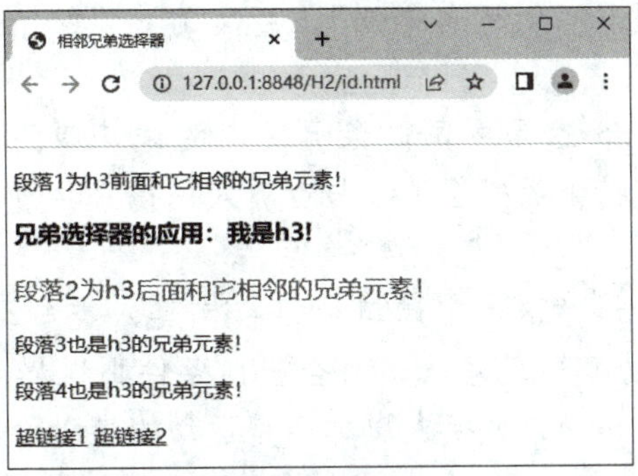

图 5-4-4　相邻兄弟选择器实现效果图

视频
制作“相约冬奥会一起向未来”新闻页面讲解

任务实施

按照任务要求，编写 HTML 和 CSS 代码，掌握 CSS 关系选择器的应用。

（1）HTML 文件代码：

```
<!DOCTYPE html>
<html>
    <head>
        <meta charset="utf-8"/>
        <title>新闻</title>
        <link rel="stylesheet" href="css/style.css"/>
    </head>
    <body>
        <div class="content">
            <div class="nav">
                <a href="#">网易首页</a> > <a href="#">新闻中心</a> > <a href="#">国内新闻</a> > 正文
            </div>
            <h1>相约冬奥会 一起向未来</h1>
            <div class="time">2022-07-23 06:46:10 来源：<a href="#">澎湃新闻</a> 上海</div>
            <hr/>
```

```
                <p>(原标题: 世界团结起来! 冬奥口号“一起向未来”与
2008年一脉相承)</p>
                <h3>和北京冬奥会一路同行</h3>
                <p>涵 轩</p>
                <p>2021年9月17日，北京2022年冬奥会和冬残奥会主
题口号正式对外发布——“一起向未来”(英文为：“Together for a Shared
Future”)。</p>
                <p>这是中国向世界发出的诚挚邀约，传递出14亿中国人民
的美好期待：在奥林匹克精神的感召下，与世界人民携手共进、守望相助、共创美好未
来。</p>
                <p>“这个主题口号符合构建人类命运共同体的中国倡议，体
现了‘共享办奥’‘开放办奥’的理念，符合当前条件下世界需要携手走向美好明天的
共同诉求，符合奥林匹克运动、残疾人奥林匹克运动的核心价值和愿景，追求团结、和
平、进步、包容的目标。同时，这个口号言简意赅、易读易记、号召性强。”北京冬奥
组委文化活动部部长陈宁说。</p>
            <p>经过反复讨论推敲，“团结”“在一起”“未来”等成为大家共
识的高频词。今年上半年，北京冬奥组委最终确定了中文“一起向未来”和英文
“together for a shared future”作为主题口号。</p>
            <p>北京2008年奥运会的口号是“同一个世界，同一个梦想”，这次的
口号“一起向未来”与2008年时一脉相承，同时又体现出当前的时代特征，是北京作
为“双奥之城”，给奥林匹克精神和理念留下的又一中国印记。</p>
                <p id="footer">（本文来自澎湃新闻，更多原创资讯请下
载“澎湃新闻”APP)</p>
            </div>
        </body>
    </html>
```

（2）CSS文件代码：

```
@charset "utf-8";
.content{
    width: 900px;
    margin: 0 auto;
    color: #333;
}
.nav{
    font-size: 12px;
}
```

```
.content a{
    color: #333;
    text-decoration: none;
}
h1{
    text-align: center;
}
.time{
    color: #999;
    font-size: 12px;
    text-align: center;
}
.time>a{
    color: #999;
}
.content>p{
    font-size: 18px;
    line-height: 2;
}
hr+p{
    text-align: center;
}
#footer{
    text-align: right;
    font-size: 12px;
    color: #999;
}
```

（3）任务实现效果图：任务实现效果如图 5-4-5 所示。

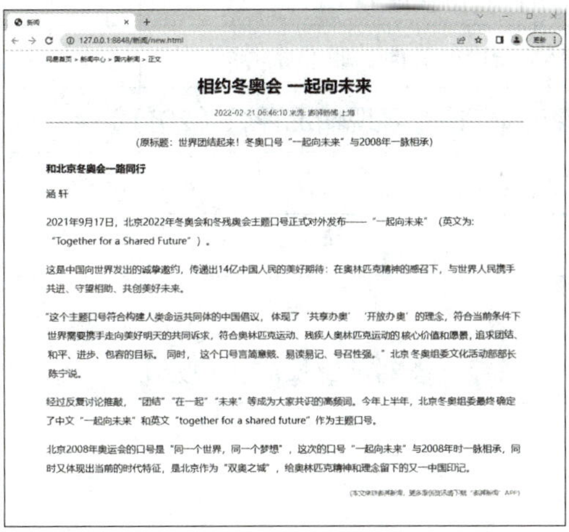

图 5-4-5 “相约冬奥会　一起向未来”新闻页面实现效果图

课外拓展

相关知识点　text-align 属性

text-align 属性用于设置内容的水平对齐方式（靠左、居中、靠右）。此属性只对块级元素生效，行内元素不能设置此属性。如想设置图片居中对齐，不能直接对 img 元素设置 text-align 属性，因为 img 为行内元素，需要先将 img 元素放入块级元素内或将 img 元素转换为块级元素。

任务评价

<table>
<tr><th colspan="2">课程名称：网页设计与制作</th><th colspan="3">授课地点：</th></tr>
<tr><td colspan="2">学习任务 4: 制作“相约冬奥会　一起向未来”新闻页面
（CSS 的关系选择器）</td><td>授课教师：</td><td colspan="2">授课学时：</td></tr>
<tr><td colspan="2">课程性质：理实一体课程</td><td colspan="3">综合评分：</td></tr>
<tr><th colspan="5">知识掌握情况评分（10分）</th></tr>
<tr><td>序号</td><td>知识考核点</td><td>教师评价</td><td>分数</td><td>得分</td></tr>
<tr><td>1</td><td>掌握 CSS 的后代选择器与子代选择器</td><td></td><td>5</td><td></td></tr>
<tr><td>2</td><td>掌握 CSS 的兄弟选择器与相邻选择器</td><td></td><td>5</td><td></td></tr>
<tr><th colspan="5">工作任务完成情况评分（60分）</th></tr>
<tr><td>序号</td><td>能力操作考核点</td><td>教师评价</td><td>分数</td><td>得分</td></tr>
<tr><td>1</td><td>项目完成质量</td><td></td><td>30</td><td></td></tr>
<tr><td>2</td><td>程序排错能力</td><td></td><td>10</td><td></td></tr>
<tr><td>3</td><td>与组员的团队配合精神、协调能力</td><td></td><td>10</td><td></td></tr>
<tr><td>4</td><td>精神面貌、专业自信、工匠精神、职业素养</td><td></td><td>10</td><td></td></tr>
<tr><th colspan="5">课堂表现情况评分（20分）</th></tr>
<tr><td>序号</td><td>课堂表现考核点</td><td>教师评价</td><td>分数</td><td>得分</td></tr>
<tr><td>1</td><td>课堂考勤</td><td></td><td>10</td><td></td></tr>
<tr><td>2</td><td>课堂过程表现</td><td></td><td>10</td><td></td></tr>
<tr><th colspan="5">任务总结反思（10分）</th></tr>
<tr><td colspan="5"></td></tr>
</table>

学习任务 5 制作“《致青春》诗歌赏析”页面（CSS 的属性选择器）

任务要求

完成“《致青春》诗歌赏析”页面内容与样式的制作，恰当运用 CSS 的属性选择器。

任务分析

（1）新建项目。

（2）新建 HTML 文档，完成网页内容。

（3）新建 CSS 文件。

（4）利用 CSS 属性选择器完成网页外观样式的设置。

学习准备

相关知识点 1　E[attribute] 选择器

属性选择器主要是根据 HTML 元素的属性及属性值来选择元素、定义元素的样式的。

E[attribute] 选择器是属性选择器的最简形式，其功能是选择具有 attribute 属性的元素、定义其样式。其基本格式如下：

```
[属性]{
    属性 1：属性值 1;
    属性 2：属性值 2;
    ……
}
或
元素 [属性]{
    属性 1：属性值 1;
    属性 2：属性值 2;
    ……
}
```

【例 5-5-1】 使用 E[attribute] 选择器设置元素样式，具体代码如下：

```
<head>
  <meta charset="utf-8"/>
  <title>属性选择器</title>
  <style>
     [class]{ /* 属性选择器 */
          color: #f00;
          font-size: 20px;
     }
  </style>
</head>
<body>
  <div class="box">这是一个div！</div>
  <p class="text">设置为红色字体的段落!</p>
  <p>默认样式的段落!</p>
</body>
```

实现效果如图 5-5-1 所示。

图 5-5-1　E[attribute] 选择器实现效果图 1

【例 5-5-2】 使用 E[attribute] 选择器设置元素样式，具体代码如下：

```
<head>
  <meta charset="utf-8"/>
  <title>属性选择器</title>
  <style>
     p[class]{ /* 属性选择器 */
          color: #f00;
          font-size: 20px;
     }
  </style>
</head>
<body>
```

```
    <div class="box">这是一个 div！</div>
    <p class="text1">设置为红色字体的段落！</p>
    <p>默认样式的段落！</p>
    <p class="text2">红色字体的段落！</p>
</body>
```

实现效果如图 5-5-2 所示。

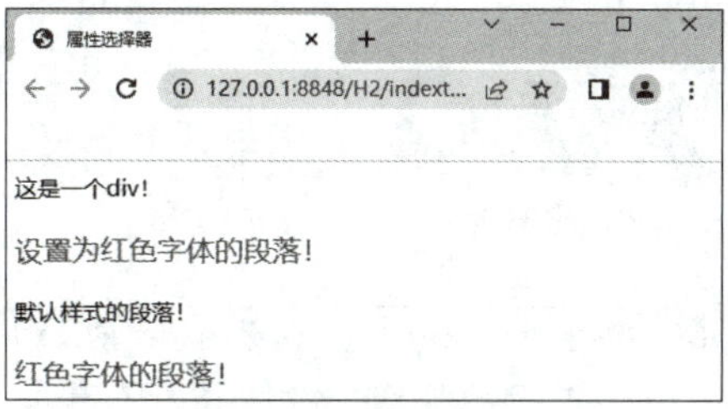

图 5-5-2　E[attribute] 选择器实现效果图 2

相关知识点 2　E[attribute= "value"] 选择器

E[attribute="value"] 选择器用于定义某一属性是具体属性值的元素的样式。其基本格式如下：

```
元素 [ 属性 = 属性值 ]{
    属性 1: 属性值 1;
    属性 2: 属性值 2;
    ……
}
```

【例 5-5-3】 使用 E[attribute="value"] 选择器设置元素样式，具体代码如下：

```
<head>
    <meta charset="utf-8"/>
    <title>属性选择器</title>
    <style>
        input[type="text"]{                    /* 属性选择器 */
            background-color:red;
        }
    </style>
</head>
<body>
    <form action="" method="post">
    用户名：<input type="text"><br/>
```

```
        密  码: <input type="password"><br/>
        性  别: <input type="radio" name="sex">男<input type="radio"
name="sex">女<br/>
        出生日期: <input type="text"><br/>
        联系电话: <input type="text"><br/>
        <input type="submit" value="注册">
        <input type="reset">
      </form>
   </body>
```

实现效果如图 5-5-3 所示。

图 5-5-3　E[attribute="value"] 选择器实现效果图

视频

制作“《致青春》诗歌赏析”页面讲解

任务实施

按照任务要求，编写 HTML 和 CSS 代码，掌握 CSS 属性选择器的应用。

（1）HTML 文件代码：

```
<!DOCTYPE html>
<html>
    <head>
         <meta charset="utf-8"/>
         <title>《致青春》诗歌赏析</title>
         <link rel="stylesheet" href="css/style.css"/>
    </head>
    <body>
         <div id="content">
         <div class="top"></div>
         <div class="bottom">
              <h4>《青春万岁》节选</h4>
              <p class="author">作者: 王蒙</p>
              <p>所有的日子，所有的日子都来吧，</p>
```

```
                <p>让我们编织你们，用青春的金线，</p>
                <p>和幸福的缨珞，编织你们。</p>
                <p>有那小船上的歌笑，月下校园的欢舞，</p>
                <p>细雨蒙蒙里踏青，初雪的早晨行军，</p>
                <p>还有热烈的争论，跃动的、温暖的心 .....</p>
                <p>是转眼过去的日子，也是充满遐想的日子，</p>
                <p>纷纷的心愿迷离，像春天的雨，</p>
                <p>我们有时间，有力量，有燃烧的信念，</p>
                <p>我们渴望生活，渴望在天上飞。</p>
                <p>是单纯的日子，也是多变的日子，</p>
                <p>浩大的世界，样样叫我们好奇，</p>
                <p>从来都兴高采烈，从来不淡漠，</p>
                <p>眼泪，欢笑，深思，全是第一次。</p>
            </div>
            <div class="bottom">
                <h4>《跨越自己》</h4>
                <p class="author">作者：汪国真</p>
                <p>我们可以欺瞒别人</p>
                <p>却无法欺瞒自己</p>
                <p>当我们走向枝繁叶茂的五月</p>
                <p>青春就不再是一个谜</p>
                <p>向上的路</p>
                <p>总是坎坷又崎岖</p>
                <p>要永远保持最初的浪漫</p>
                <p>真是不容易</p>
                <p>有人悲哀</p>
                <p>有人欣喜</p>
                <p>当我们跨越了一座高山</p>
                <p>也就跨越了一个真实的自己</p>
            </div>
        </div>
    </body>
</html>
```

（2）CSS文件代码：

```
@charset "utf-8";
div[id]{
```

```
    width: 900px;
    text-align: center;
    margin: 0 auto;
}
div[class="top"]{
    height: 300px;
    background: url("../img/beijing.png");
}
div[class="bottom"]{
    width: 440px;
    height: 610px;
    background-color: palegoldenrod;
    margin-top: 20px;
    float: left;
}
div[class="top"]+div{
    margin-right: 20px;
}
p[class="author"]{
    font-size: 14px;
    font-weight: bold;
}
```

（3）任务实现效果图：任务实现效果如图 5-5-4 所示。

图 5-5-4　“《致青春》诗歌赏析”页面实现效果图

课外拓展

相关知识点 其他属性选择器

1. E[attribute ~ ="value"] 选择器

E[attribute ~ ="value"] 选择器用于定义属性值列表（列表中各单词以空格隔开）中包含 value 的元素的样式。其基本格式如下：

```
元素 [ 属性 ~ = 属性值 ] {
    属性 1: 属性值 1;
    属性 2: 属性值 2;
    ……
}
```

【例 5-5-4】 使用 E[attribute ~ ="value"] 选择器设置元素样式，具体代码如下：

```
<head>
  <meta charset="utf-8"/>
  <title>属性选择器 </title>
  <style>
      p[class ~ ="om"]{            /* 属性选择器 */
         font-size: 20px;
         color: red;
         background-color: #ddd;
      }
  </style>
</head>
<body>
    <p class="pt om">红色字体，灰色背景的段落！ </p>
    <p class="om">应用了样式的段落！ </p>
    <p class="text">没有样式的段落！ </p>
</body>
```

实现效果如图 5-5-5 所示。

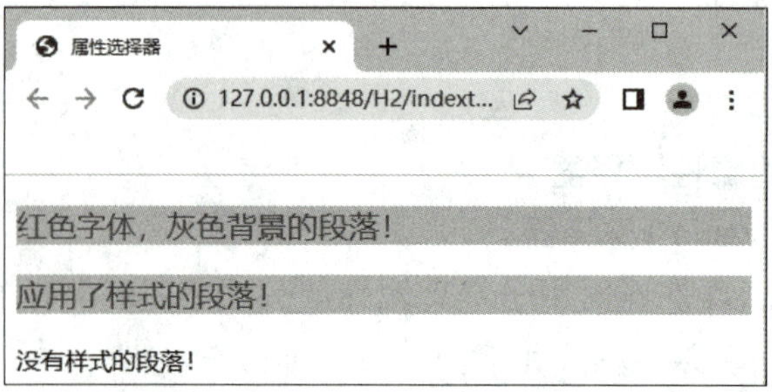

图 5-5-5　E[attribute ~ ="value"] 选择器实现效果图

2. E[attribute |="value"] 选择器

E[attribute |="value"] 选择器用于定义属性值以 value 开头（value 必须是整个单词，或后面跟着连字符“-”）的元素的样式。其基本格式如下：

```
元素 [ 属性 |= 属性值 ]{
   属性 1: 属性值 1;
   属性 2: 属性值 2;
   ……
}
```

【例 5-5-5】 使用 E[attribute |="value"] 选择器设置元素样式，具体代码如下：

```
<head>
  <meta charset="utf-8"/>
  <title>属性选择器 </title>
  <style>
    p[class |="om"]{            /* 属性选择器 */
          font-size: 20px;
          color: red;
          background-color: #ddd;
    }
  </style>
</head>
<body>
   <p class="om">红色字体，灰色背景的段落！ </p>
   <p class="om-t">应用了样式的段落！ </p>
   <p class="text">没有样式的段落！ </p>
</body>
```

实现效果如图 5-5-6 所示。

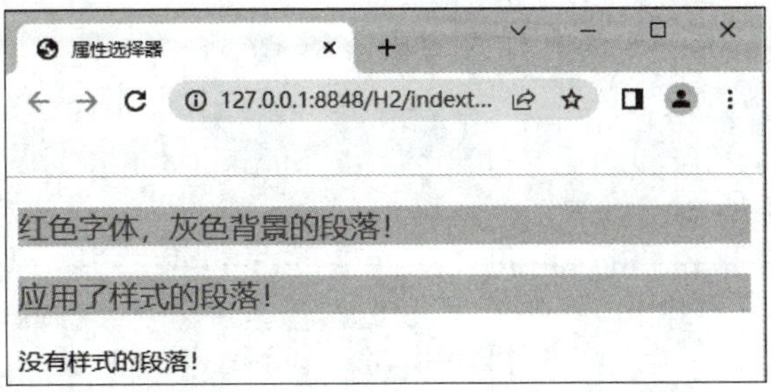

图 5-5-6　E[attribute |="value"] 选择器实现效果图

3. E[attribute ^="value"] 选择器

E[attribute ^="value"] 选择器用于定义所有属性值以 value 开头的元素的样式。其基本格式如下：

```
元素 [ 属性 ^= 属性值 ]{
    属性 1: 属性值 1;
    属性 2: 属性值 2;
    ……
}
```

【例 5-5-6】 使用 E[attribute ^="value"] 选择器设置元素样式，具体代码如下：

```
<head>
  <meta charset="utf-8"/>
  <title> 属性选择器 </title>
  <style>
     p[class ^="om"]{            /* 属性选择器 */
         font-size: 20px;
         color: red;
         background-color: #ddd;
     }
  </style>
</head>
<body>
   <div class="om_dd"> 这是一个 div!</div>
   <p class="om"> 红色字体，灰色背景的段落！ </p>
   <p class="om-t"> 应用了样式的段落！ </p>
```

```
    <p class="omtt">段落! </p>
    <p class="text">没有样式的段落! </p>
</body>
```

实现效果如图 5-5-7 所示。

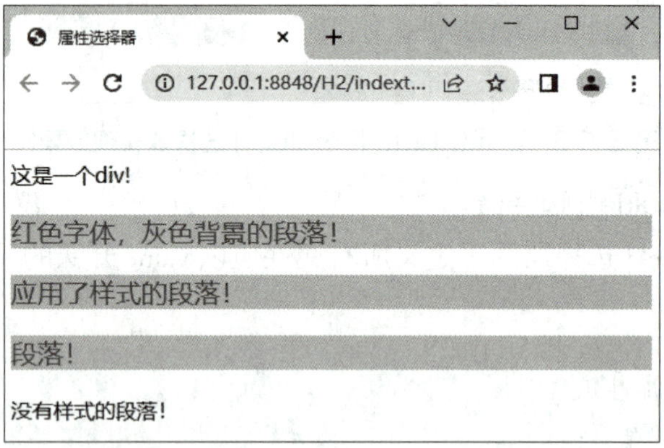

图 5-5-7　E[attribute ^="value"] 选择器实现效果图

4. E[attribute $="value"] 选择器

E[attribute $="value"] 选择器用于定义所有属性值以 value 结尾的元素的样式。其基本格式如下：

```
元素 [ 属性 $= 属性值 ]{
    属性 1: 属性值 1;
    属性 2: 属性值 2;
    … …
}
```

【例 5-5-7】 使用 E[attribute $="value"] 选择器设置元素样式，具体代码如下：

```
<head>
   <meta charset="utf-8"/>
   <title>属性选择器 </title>
   <style>
      p[class $="om"]{            /* 属性选择器 */
         font-size: 20px;
         color: red;
         background-color: #ddd;
```

```
    }
  </style>
</head>
<body>
    <p class="om">红色字体，灰色背景的段落！</p>
    <p class="t-om">应用了样式的段落！</p>
    <p class="omtt">段落！</p>
    <p class="text">没有样式的段落！</p>
</body>
```

实现效果如图 5-5-8 所示。

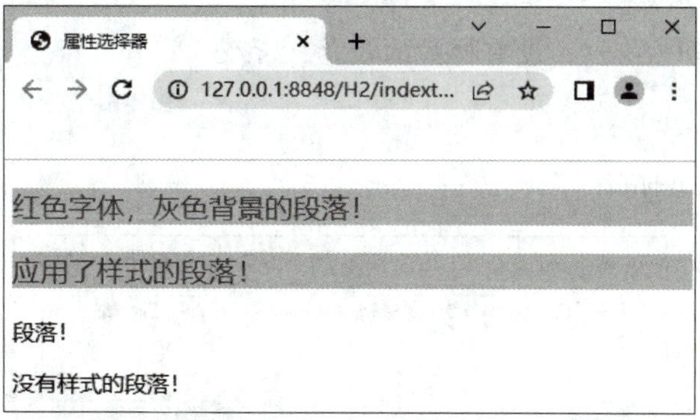

图 5-5-8 E[attribute $="value"] 选择器实现效果图

5. E[attribute *="value"] 选择器

E[attribute *="value"] 选择器用于定义所有属性值包含 value 子串的元素的样式。其基本格式如下：

```
元素 [ 属性 *= 属性值 ]{
    属性 1: 属性值 1;
    属性 2: 属性值 2;
    ……
}
```

【例 5-5-8】 使用 E[attribute *="value"] 选择器设置元素样式，具体代码如下：

```
<head>
  <meta charset="utf-8"/>
  <title>属性选择器</title>
```

```
    <style>
        p[class *="om"]{          /* 属性选择器 */
            font-size:20px;
            color:red;
            background-color:#ddd;
        }
    </style>
</head>
<body>
    <p class="om">红色字体，灰色背景的段落！ </p>
    <p class="t-om">应用了样式的段落！ </p>
    <p class="omtt">段落！ </p>
    <p class="text">没有样式的段落！ </p>
</body>
```

实现效果如图 5-5-9 所示。

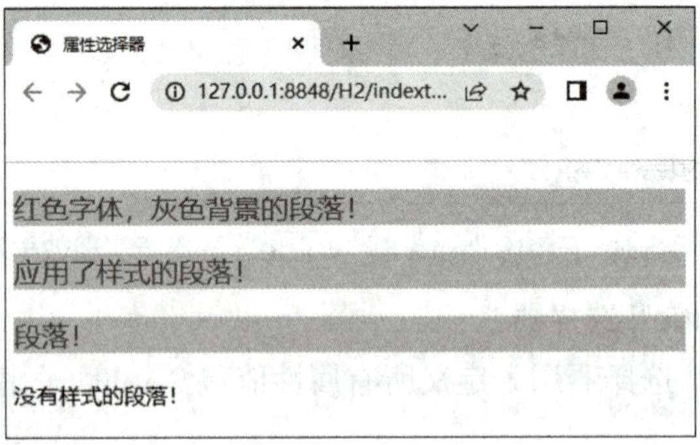

图 5-5-9　E[attribute *="value"] 选择器实现效果图

任务评价

<table>
<tr><td colspan="3">课程名称：网页设计与制作</td><td colspan="2">授课地点：</td></tr>
<tr><td colspan="2">学习任务 5：制作“《致青春》诗歌赏析”页面
（CSS 的属性选择器）</td><td>授课教师：</td><td colspan="2">授课学时：</td></tr>
<tr><td colspan="2">课程性质：理实一体课程</td><td colspan="3">综合评分：</td></tr>
<tr><td colspan="5">知识掌握情况评分（10分）</td></tr>
<tr><td>序号</td><td>知识考核点</td><td>教师评价</td><td>分数</td><td>得分</td></tr>
<tr><td>1</td><td>掌握 CSS 的属性选择器</td><td></td><td>10</td><td></td></tr>
</table>

续表

工作任务完成情况评分（60分）				
序号	能力操作考核点	教师评价	分数	得分
1	项目完成质量		30	
2	程序排错能力		10	
3	与组员的团队配合精神、协调能力		10	
4	精神面貌、专业自信、工匠精神、职业素养		10	
课堂表现情况评分（20分）				
序号	课堂表现考核点	教师评价	分数	得分
1	课堂考勤		10	
2	课堂过程表现		10	
任务总结反思（10分）				

学习任务6 制作“中国古代建筑集萃”页面（CSS的伪类选择器）

任务要求

完成“中国古代建筑集萃”页面内容与样式的制作，恰当运用CSS的伪类选择器。

任务分析

（1）新建项目。

（2）新建HTML文档，完成网页内容。

（3）新建CSS文件。

（4）合理利用CSS基础选择器、关系选择器及伪类选择器完成网页外观样式的设置。

学习准备

相关知识点1 动态伪类

动态伪类指的是元素的某种状态样式，如鼠标指针悬停在元素之上时的样式、单击元素时的样式等，其中包括超链接伪类和行为伪类。

1. 超链接伪类

定义文档中的超链接元素样式时，通常会定义它在各种状态下的不同样式，如鼠标单击之前、单击之后、指针悬停、单击瞬间的样式。超链接伪类的基本语法和作用如表 5-6-1 所示。

表 5-6-1 超链接伪类

伪类选择器	基本语法	作 用
a:link	a:link{css 样式 }	定义超链接元素未被单击时的样式
a:visited	a:visited{css 样式 }	定义超链接元素单击之后的样式
a:hover	a:hover{css 样式 }	定义鼠标指针悬停在超链接元素之上时的样式
a:active	a:active{css 样式 }	定义鼠标单击超链接元素瞬时的样式

当一个超链接元素定义了以上所有状态的不同样式时，需按照表 5-6-1 的顺序依次定义，即先定义 a:link，之后是 a:visited、a:hover、a:active，也就是按照 LoVe、HAte（爱恨原则）的顺序依次定义。

【例 5-6-1】 利用超链接伪类定义 <a> 的不同状态的不同样式，单击之前文字颜色为绿色，单击之后颜色为红色，鼠标指针悬停时为粉色，单击的瞬间颜色为黄色，具体代码如下：

```
<html>
  <head>
    <meta charset="utf-8"/>
    <title>超链接伪类选择器</title>
    <style>
        a{
            text-decoration: none;    /* 去掉超链接的下划线 */
        }
        a:link{
            color: green;
        }
        a:visited{
            color: red;
        }
```

```
    a:hover{
          color: pink;
    }
    a:active{
          color: yellow;
    }
      </style>
    </head>
    <body>
      <a href="#">新闻</a>
      <a href="#">体育</a>
      <a href="#">财经</a>
      <a href="#">娱乐</a>
      <a href="#">科技</a>
    </body>
</html>
```

实现效果如图 5-6-1 所示。

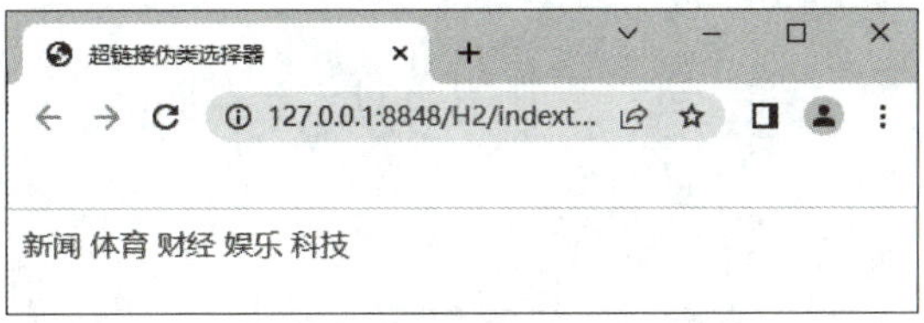

图 5-6-1　超链接伪类实现效果图

注意：实际网页设计制作中为了避免眼花缭乱的情况，一般不会对同一元素设置这 4 种样式。通常会将单击前和单击后设置为相同样式，将鼠标指针悬停设置为另一种样式。

2. 行为伪类

行为伪类也是设置元素不同状态时的样式，与超链接伪类不同的是，超链接伪类只针对 HTML 中的超链接元素，行为伪类可以是其他元素，其中包括 hover 伪类选择器、active 伪类选择器、focus 伪类选择器，如表 5-6-2 所示。

表 5-6-2　行为伪类

伪类选择器	基本语法	作　用
:hover	元素 :hover{css 样式 }	定义鼠标指针悬停时的样式（任何元素均可设置）
:active	元素 :active{css 样式 }	定义鼠标单击元素时的样式（任何元素均可设置）
:focus	元素 :focus{css 样式 }	定义元素成为焦点时的样式（通常用于表单元素）

【例 5-6-2】 利用行为伪类定义块级元素的动态样式，具体代码如下：

```
<html>
    <head>
      <meta charset="utf-8"/>
      <title>行为伪类</title>
      <style>
          div{
             width:400px;
             height:100px;
             background-color: blue;
          }
          div:hover{
             background-color: pink;
          }
      </style>
    </head>
    <body>
      <div>鼠标悬停时背景颜色改变</div>
    </body>
</html>
```

实现效果如图 5-6-2 所示。

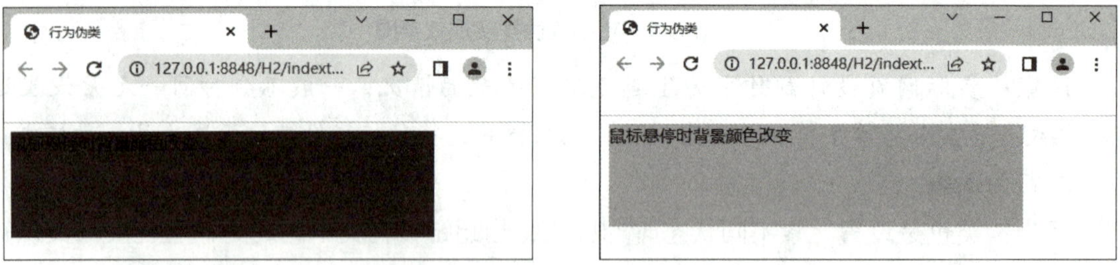

图 5-6-2　行为伪类实现效果图

相关知识点 2　结构伪类

结构伪类是 CSS3 新增的伪类选择器，主要是通过文档结构（文档元素的相互关系）来匹配特定元素，设置元素的样式。这种方式为实际网页开发提供了方便，减少了元素的 class 属性及 id 属性的设置。

1. E:only-child 选择器

E:only-child 选择器用来定义父元素中仅有的子元素 E 的样式，需要注意的是这里的父元素只有一个子元素。

【例 5-6-3】 利用 :only-child 定义只有一个列表项的无序列表样式，具体代码如下：

```
<html>
   <head>
     <meta charset="utf-8"/>
     <title> 结构伪类 </title>
     <style>
         li:only-child{
            color: red;
         }
     </style>
   </head>
   <body>
     <div>
         女装
         <ul>
              <li> 连衣裙 </li>
              <li> 半身裙 </li>
         </ul>
         男装
         <ul>
              <li> 夹克 </li>
              <li> 衬衫 </li>
              <li> 卫衣 </li>
         </ul>
         配饰
         <ul>
              <li> 项链 </li>
         </ul>
     </div>
   </body>
</html>
```

实现效果如图 5-6-3 所示。

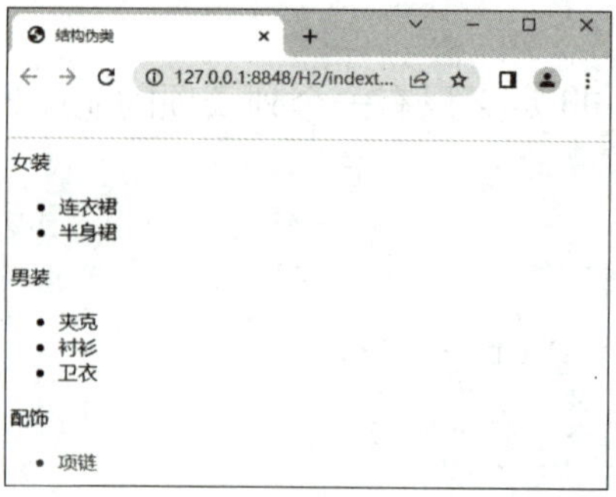

图 5-6-3　: only-child 选择器实现效果图

2. E:first-child 选择器和 E:last-child 选择器

E:first-child 选择器用来定义父元素的第一个子元素 E 的样式，E:last-child 选择器用来定义父元素的最后一个子元素 E 的样式。

【例 5-6-4】 利用 :first-child 和 :last-child 定义元素样式，具体代码如下：

```
<html>
    <head>
      <meta charset="utf-8"/>
      <title> 结构伪类 </title>
      <style>
          .box>div:first-child{
                color: red;
          }
          .box>div:last-child{
                color: blue;
          }
      </style>
    </head>
    <body>
      <div class="box">
          <div> 女装 </div>
          <div> 男装 </div>
          <div> 配饰 </div>
          <div> 美妆 </div>
          <div> 洗护 </div>
          <div> 家居 </div>
      </div>
    </body>
</html>
```

实现效果如图 5-6-4 所示。

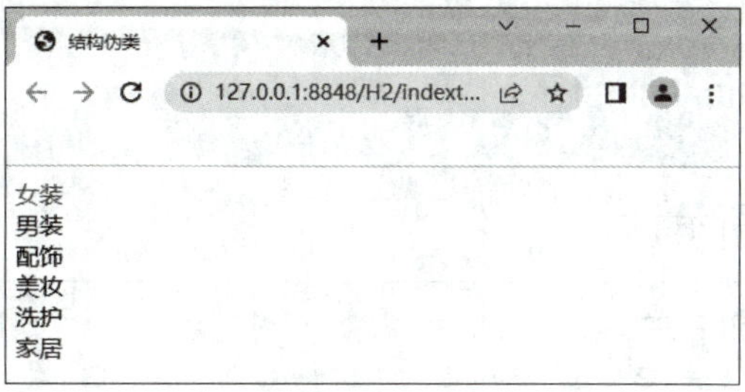

图 5-6-4　E:first-child 选择器和 E:last-child 选择器实现效果图

3. E:nth-child(n) 选择器

E:nth-child(n) 选择器用来定义父元素的第 *n* 个子元素 E 的样式，需要注意的是，第 *n* 个子元素如果不是 E，则样式不生效。*n* 的取值可以是数字，表示第 *n* 个子元素；可以是 even/odd，表示父元素中排序是偶数 / 奇数的子元素；可以是倍数，如 3*n*，表示排序是 3 的倍数的子元素。

【例 5-6-5】 利用 :nth-child(n) 定义元素样式，具体代码如下：

```
<html>
    <head>
      <meta charset="utf-8"/>
      <title> 结构伪类 </title>
      <style>
          .box>div:nth-child(2){
                color: red;
          }
          .box>div:nth-child(3n){
                color: blue;
          }
      </style>
    </head>
    <body>
      <div class="box">
          <div> 女装 </div>
          <div> 男装 </div>
          <div> 配饰 </div>
          <div> 美妆 </div>
          <div> 洗护 </div>
          <div> 家居 </div>
```

```
        </div>
    </body>
</html>
```

实现效果如图 5-6-5 所示。

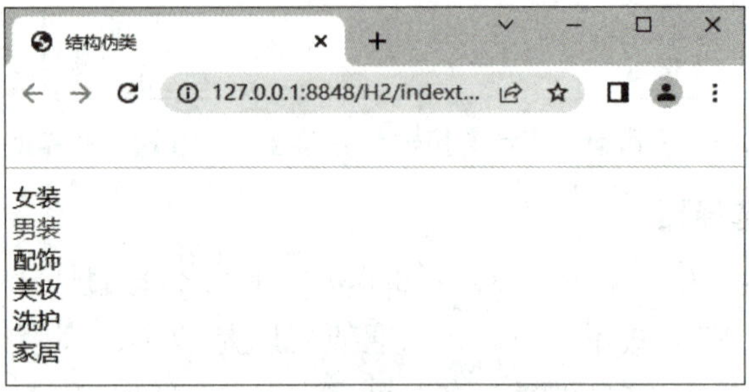

图 5-6-5　:nth-child(n) 选择器实现效果图

视频
制作“中国古代建筑集萃”页面讲解

任务实施

按照任务要求，编写 HTML 和 CSS 代码，掌握 CSS 伪类选择器的应用。

（1）HTML 文件代码：

```
<!DOCTYPE html>
<html>
    <head>
        <meta charset="utf-8">
        <title>中国古代建筑集萃</title>
        <link rel="stylesheet" href="css/style.css">
    </head>
    <body>
    <div id="header">
        <p><a href="#">返回首页</a></p>
        <h1>中国<span>古代建筑</span>集萃</h1>
        <hr/>
    </div>
    <div id="content">
        <div>
            <p>中国古建筑是中华民族悠久文化历史遗产中极为重要的构
成部分，是一颗璀璨明珠，是我们的先辈聪明智慧与勤劳创造的结晶。</p>
```

```
            <p>中国自古就是一个多民族的国家，在几千年的历史中，各民族互相融合。不管是在战争年月，或是在和平环境中，民族文化交流活动从来没有停止过，春秋战国时期赵武灵王的胡服骑射把北方少数民族的文化带到了中原，几次北方民族的大迁移，又把北方和中原文化引向了长江以南和南海沿岸。汉唐时期的和亲政策也促进了民族之间的文化交流。在中国古代，中国文化不仅吸收世界各地的文化精华，海纳百川，同时自身文化也吸引周边各国学习发展，使汉文化长期统治东亚大地长达数千年之久。</p>
            <p>秦始皇统一六国后，下令模写六国原来官殿建筑形式，建于咸阳北坂上，这些宫殿建筑形式与艺术来自全国各地。唐文成公主嫁与藏王松赞干布，把中原的建筑形式、建筑艺术带到了西藏。现在西藏拉萨的大昭寺、小昭寺就是由文成公主带去的汉族工匠与当地藏族工匠共同建筑的。寺庙建筑的结构、造型、壁画等都反映了汉、藏建筑文化交流的特点。</p>
            <p>河北承德避暑山庄和外八庙，是中国晚期古典建筑文化交流的一处重要实物遗存。避暑山庄和外八庙建于康熙乾隆年间，避暑山庄模写了江南各地有名建筑、园林、风景，仿照了蒙古草原的形式，布置的草原和蒙古包，外八庙建筑则是突出了青海、西藏、内蒙古、新疆等省区与中原、华北地区的文化交流。</p>
            <p>国际之间建筑的交流自古就存在，如埃及金字塔与中国古代坟墓封土方法基本相同。它们外形都是一个四方形锥体。</p>
            <p>世界上每个国家、每个民族都有自己的生活习俗、自己的民族文化，民族文化是民族自尊心的表现，而民族建筑艺术则是民族文化中的重要组成部分，保存并发扬各民族的建筑文化传统，不仅能满足人们居住和工作的需要，并且会使世界建筑艺术百花盛开。离开民族文化底色的建筑无疑是没有灵魂的建筑。</p>
        </div>
        <div>
            <div><img src="img/1-1.png" alt=""/></div>
            <div><img src="img/1-2.png" alt=""/></div>
            <div><img src="img/1-3.png" alt=""/></div>
            <div><img src="img/1-4.png" alt=""/></div>
        </div>
    </div>
    <div id="footer">
        <hr/>
        <p>本文节选自《罗哲文古代建筑文集》</p>
    </div>
  </body>
</html>
```

（2）CSS 文件代码：

```
@charset "utf-8";
#header{
    width: 1040px;
    text-align: center;
    margin: 0 auto;
}
#header p{
    text-align: left;
    font-size: 12px;
}
a:link{
    color: #333;
    text-decoration: none;
}
a:visited{
    color: #333;
    text-decoration: none;
}
a:hover{
    color:#00f
}
#header span{
    font-size: 50px;
    font-family: 隶书;
    color: brown;
}
#content{
    width: 1040px;
    margin: 0 auto;
}
#content p{
    text-indent: 2em;
    line-height: 1.5;
}
#content>div:last-child{
    width: 1040px;
```

```
    height: 200px;
}
#content>div:last-child>div{
    width: 260px;
    text-align: center;
    float: left;
}
#content>div:last-child>div:hover{
    opacity: 0.75;
}
#footer{
    width: 1040px;
    margin: 0 auto;
}
#footer>p{
    font-size: 12px;
    color: #666;
    text-align: right;
}
```

（3）任务实现效果图：任务实现效果如图 5-6-6 所示。

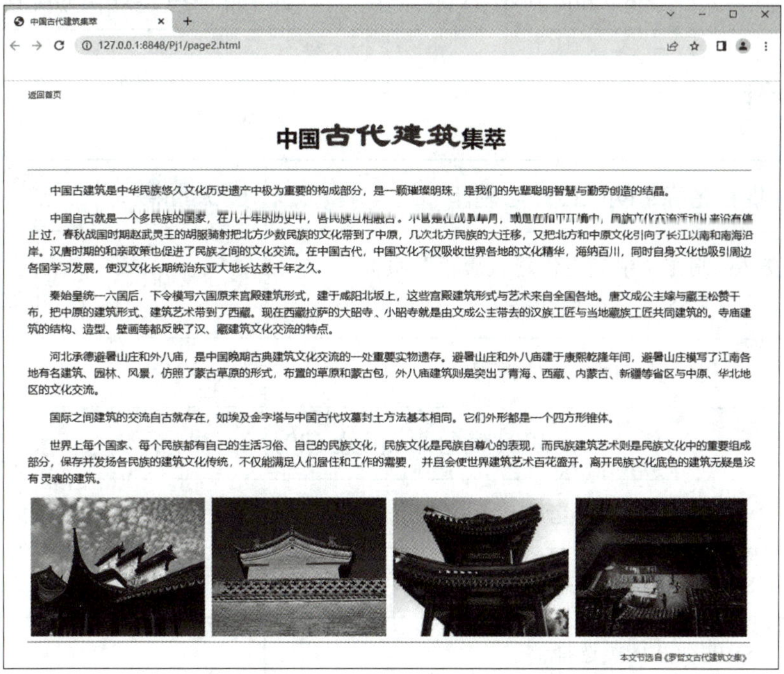

图 5-6-6 “中国古代建筑集萃”页面实现效果图

课外拓展

相关知识点　其他伪类选择器

除了上述选择器外，CSS 中还有一些其他伪类选择器，其语法格式及作用如表 5-6-3 所示。

表 5-6-3　其他伪类选择器

伪类选择器	基本语法	作　用
:only-of-type	E:only-of-type{css 样式 }	选中同类型中唯一的同级兄弟元素 E
:first-of-type	E:first-of-type{css 样式 }	选中同类型中第一个同级兄弟元素 E
:last-of-type	E:last-of-type{css 样式 }	选中同类型中最后一个同级兄弟元素 E
:nth-of-type(n)	E:nth-of-type(n){css 样式 }	选中同类型中第 *n* 个同级兄弟元素 E
:nth-last-of-type(n)	E:nth-last-of-type(n){css 样式 }	选中同类型中倒数第 *n* 个同级兄弟元素 E
:empty	:empty{css 样式 }	选中没有子元素或文本内容为空的所有元素
:enabled	E:enabled{css 样式 }	选中所有启用状态的表单元素 E
:disabled	E:disabled{css 样式 }	选中所有禁用状态的表单元素 E
:checked	input:checked{css 样式 }	匹配被选中的单选按钮和复选框
:not()	input:not(.text){css 样式 }	匹配除应用 .text 类的所有 input 元素

任务评价

<table>
<tr><td colspan="2">课程名称：网页设计与制作</td><td colspan="3">授课地点：</td></tr>
<tr><td colspan="2">学习任务 6：制作“中国古代建筑集萃”页面
（CSS 的伪类选择器）</td><td>授课教师：</td><td colspan="2">授课学时：</td></tr>
<tr><td colspan="2">课程性质：理实一体课程</td><td colspan="3">综合评分：</td></tr>
<tr><td colspan="5">知识掌握情况评分（10分）</td></tr>
<tr><td>序号</td><td>知识考核点</td><td>教师评价</td><td>分数</td><td>得分</td></tr>
<tr><td>1</td><td>掌握 CSS 的结构伪类选择器</td><td></td><td>5</td><td></td></tr>
<tr><td>2</td><td>掌握 CSS 的动态伪类选择器</td><td></td><td>5</td><td></td></tr>
</table>

续表

工作任务完成情况评分（60分）				
序号	能力操作考核点	教师评价	分数	得分
1	项目完成质量		30	
2	程序排错能力		10	
3	与组员的团队配合精神、协调能力		10	
4	精神面貌、专业自信、工匠精神、职业素养		10	
课堂表现情况评分（20分）				
序号	课堂表现考核点	教师评价	分数	得分
1	课堂考勤		10	
2	课堂过程表现		10	
任务总结反思（10分）				

学习任务 7

制作“《战狼》影评”页面（CSS 的伪元素选择器）

任务要求

完成“《战狼》影评”页面内容与样式的制作，恰当运用 CSS 的伪元素选择器。

任务分析

（1）新建项目。

（2）新建 HTML 文档，完成网页内容。

（3）新建 CSS 文件。

（4）合理利用 CSS 基础选择器、关系选择器完成网页外观样式的设置。

（5）利用 CSS 伪元素选择器添加各平台 Logo 图片，并设置图片样式。

学习准备

伪元素是对 HTML 元素中的特定内容进行操作的，操作的层次比伪类更深一层。它本身只是基于元素的抽象，并不存在于 HTML 文档中，因此称为伪元素。

相关知识点 1　::first-line 与 ::first-letter

::first-line 伪元素定义指定元素文本的首行的样式，只用于块元素。

::first-letter 伪元素用于向指定元素文本的首字母添加特殊的样式。

其语法格式如下：

```
元素 ::first-line{
    属性 1: 属性值 1;
    属性 2: 属性值 2;
    ……
}
元素 ::first-letter{
    属性 1: 属性值 1;
    ……
}
```

【例 5-7-1】 ::first-line 与 ::first-letter 伪元素选择器用法，具体代码如下：

```
<html>
    <head>
      <meta charset="utf-8"/>
      <title>伪元素选择器 </title>
      <style>
          .p1::first-line{
                 font-size: 24px;
                 color: red;
          }
          .p2::first-letter{
                 font-size: 24px;
                 font-weight: bold;
                 color: blue;
```

```
            }
        </style>
    </head>
    <body>
        <p class="p1">伪元素选择器是 CSS 选择器的一种，是对特定元素设置
的特殊样式。</p>
        <p class="p2">伪元素选择器是 CSS 选择器的一种，是对特定元素设置
的特殊样式。</p>
    </body>
</html>
```

实现效果如图 5-7-1 所示。

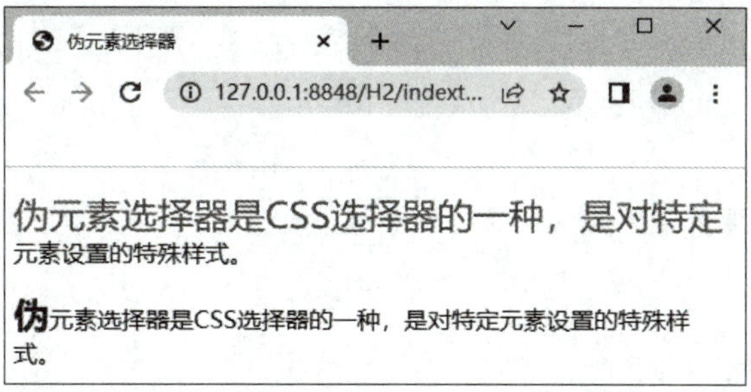

图 5-7-1　::first-line 与 ::first-letter 选择器实现效果图

相关知识点 2　::before 与 ::after

::before 伪元素选择器是向指定的元素前面添加内容，添加的内容可以是任意元素，如文本、图像等；需要配合 content 属性使用，添加的内容在 HTML 文档中并不存在。其基本格式如下：

```
元素 ::before{
    content: 文本 / 图片 url();
}
```

::after 伪元素选择器是向指定的元素后面添加内容，添加的内容可以是文本或图片，需要配合 content 属性使用。其基本格式如下：

```
元素 ::after{
    content: 文本 / 图片 url();
}
```

【例 5-7-2】 ::before 与 ::after 伪元素选择器用法，具体代码如下：

```
<html>
    <head>
        <meta charset="utf-8"/>
        <title>伪元素选择器</title>
        <style>
            p::before{
                content: "前面";
                color: red;
            }
            p::after{
                content: url("img/css3.jpg");
            }
        </style>
    </head>
    <body>
        <p>段落</p>
    </body>
</html>
```

实现效果如图 5-7-2 所示。

图 5-7-2　::before 与 ::after 选择器实现效果图

视频
制作“《战狼》影评”页面讲解

任务实施

按照任务要求，编写 HTML 和 CSS 代码，掌握 CSS 伪元素选择器的应用。

（1）HTML 文件代码：

```
<!DOCTYPE html>
<html>
   <head>
         <meta charset="utf-8"/>
         <title>《战狼》影评 </title>
         <link rel="stylesheet" href="css/style.css">
   </head>
   <body>
   <div id="article">
         <div class="left">
               <p>——分享至——</p>
               <ul>
                     <li></li>
                     <li></li>
                     <li></li>
               </ul>
         </div>
         <div class="right">
               <img src="img/zhanlang.png" alt="">
               <h3>《战狼》影评 </h3>
               <p> 犯我中华者，虽远必诛！杀我国人者，皆我天敌 ！ </p>
               <p> 当你在海外遭遇危险，不要放弃！请记住，在你身后有一
个强大的祖国！ </p>
               <p> 中国护照不能让你到达世界上每个地方，但它能让你从世
界上任何一个地方回来。</p>
               <p> 以上的台词都选自国产大片《战狼》,《战狼》票房的大火，
说明了国人们内心中存有的爱国热血。</p>
               <p> 这部影片作为中国的一部军旅电影，可谓带给观影者热血
沸腾的感受以及强烈的爱国情绪。</p>
               <p> 整部影片以一名叫冷锋的特种精英追击雇佣兵的事情展开，
由吴京自导自演。其中的动作戏更是实打实的真功夫，在拍摄过程中，南京军区为影片
提供了很大的帮助：数十辆现役的坦克和数架直升机，以及现代化的网络远程作战，展
示了我国强劲的军事实力。</p>
```

```
                <p>影片开篇设定了吴京身手不凡，省去了很多不必要的剧情。动作戏应是全片最大的看点，子弹在丛林中呼啸而过，3D效果更是增强了画面带给人们的震撼感。</p>
                <p>最后，影片的“犯我中华者，虽远必诛”引起了无数中华儿女的共鸣，让人心潮澎湃，热血沸腾。</p>
                <p>在国内电影市场萧条的时候，《战狼》的出现开创了中国影片记录的奇迹，也是中国票房上的奇迹，中国实力的体现！</p>
                <p id="footer">转载自知乎“我见银河”</p>
            </div>
        </div>
    </body>
</html>
```

（2）CSS文件代码：

```
@charset "utf-8";
*{
    padding: 0;
    margin: 0;
}
body{
    background-color: #ddd;
}
#article{
    width: 700px;
    margin: 0 auto;
}
.left{
    width: 213px;
    height: 831px;
    background-color: #fff;
    margin-right: 15px;
    float: left;
    text-align: center;
}
.left>p{
```

```
    padding-top: 100px;
}
.left>ul{
    list-style-type: none;
}
.left li:first-child::before{
    content: "";
    display: block;
    width: 30px;
    height: 30px;
    background: url("../img/icon_weibo.a39951d.svg")no-repeat;
    background-size: 100%;
    margin: 15px auto;
}
.left li:nth-child(2)::before{
    content: "";
    display: block;
    width: 30px;
    height: 30px;
    background: url("../img/icon_qqzone.a2a6bdb.svg")no-repeat;
    background-size: 100%;
    margin: 15px auto;
}
.left li:last-child::after{
    content: "";
    display: block;
    width: 30px;
    height: 30px;
    background: url("../img/icon_weixin.0eb927d.svg")no-repeat;
    background-size: 100%;
    margin: 20px auto;
}
.right{
    width: 472px;
    background-color: #fff;
```

```
    float: left;
    padding-bottom: 15px;
}
.right>h3{
    text-align: center;
    padding: 15px 0;
}
.right>p{
    line-height: 1.5;
    text-indent: 2em;
}
#footer{
    text-align: right;
    font-size: 12px;
    color: #aaa;
}
```

（3）任务实现效果图：任务实现效果如图 5-7-3 所示。

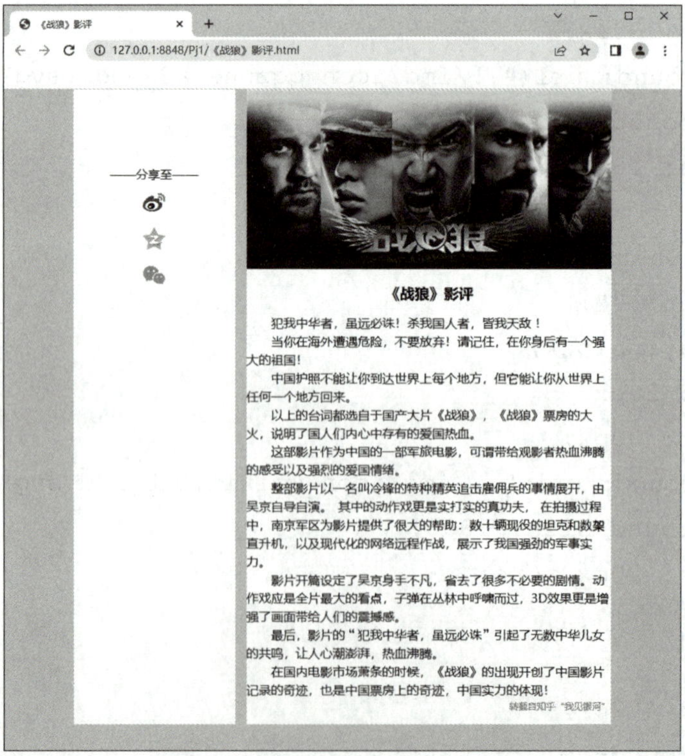

图 5-7-3 “《战狼》影评”页面实现效果图

课外拓展

相关知识点　利用伪元素选择器解决高度塌陷问题

在 HTML 文档中所有的元素都是简单地罗列起来的，而网页样式经常出现多个区域水平排列的情况，这时需要对所有水平排列的区域设置 float（浮动）属性，此时若父元素没有设置高度，就会出现子元素浮动后脱离文档流（在页面中不占据位置）、父元素高度降低的情况，也就是所谓的高度塌陷。

可利用伪元素选择器添加属性 clear：both 来解决高度塌陷问题。

【例 5-7-3】 高度塌陷问题的具体代码如下：

```
<html>
    <head>
      <meta charset="utf-8"/>
      <title></title>
      <style>
               .box div{
                      width: 33%;
                      height: 100px;
                      background-color: blue;
                      float: left;
               }
      </style>
    </head>
    <body>
      <div class="box">
           <div></div>
           <div></div>
           <div></div>
      </div>
    </body>
</html>
```

实现效果如图 5-7-4 所示。

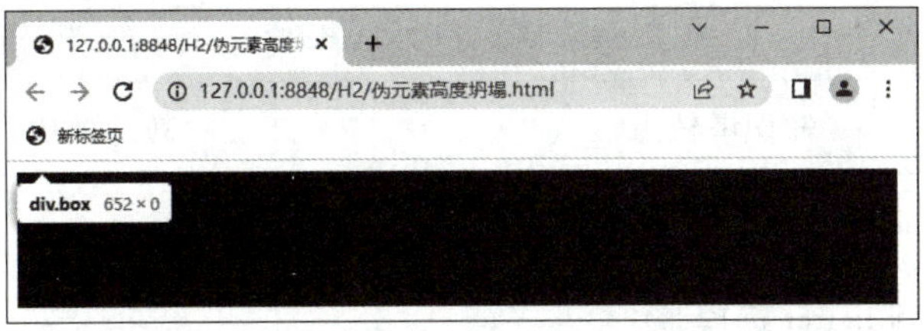

图 5-7-4　高度塌陷问题

利用伪元素选择器解决高度塌陷 CSS 代码如下：

```
<style>
    .box div{
          width: 33%;
          height: 100px;
          background-color: blue;
          float: left;
    }
     .box::after{
          content: "";
          display: block;
          clear: both;
    }
</style>
```

实现效果如图 5-7-5 所示。

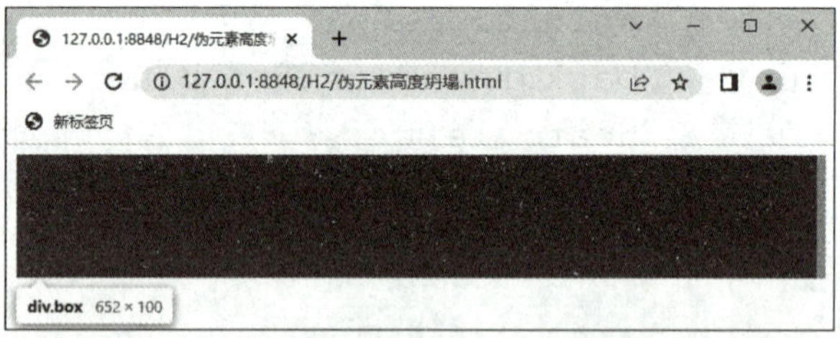

图 5-7-5　高度塌陷解决效果图

任务评价

课程名称：网页设计与制作		授课地点：		
学习任务 7：制作“《战狼》影评”页面 （CSS 的伪元素选择器）		授课教师：	授课学时：	
课程性质：理实一体课程		综合评分：		
知识掌握情况评分（10分）				
序号	知识考核点	教师评价	分数	得分
1	掌握 ::first-line 与 ::first-letter 选择器		5	
2	掌握 ::before 与 ::after 选择器		5	

续表

工作任务完成情况评分（60分）				
序号	能力操作考核点	教师评价	分数	得分
1	项目完成质量		30	
2	程序排错能力		10	
3	与组员的团队配合精神、协调能力		10	
4	精神面貌、专业自信、工匠精神、职业素养		10	
课堂表现情况评分（20分）				
序号	课堂表现考核点	教师评价	分数	得分
1	课堂考勤		10	
2	课堂过程表现		10	
任务总结反思（10分）				

课后习题

1. 下列 CSS 语法正确的是（　　）。

A. body:color=yellow　　B. {body:color=yellow(body)}

C. body{color:yellow}　　D. {body;coloryellow}

2. 下列（　　）属性可用于改变背景颜色。

A. bgcolor:　　B. background-color:

C. color:　　D. back-color:

3. 下列（　　）属性可以改变某个元素的文本颜色。

A. text-color:　　B. color:

C. fgcolor:　　D. text-color=

4. 显示这样一个边框：上边框 8 像素、下边框 5 像素、左边框 20 像素、右边框 2 像素的语法是（　　）。

A. border-width:8px 5px 20px 2px　　B. border-width:8px 20px 5px 2px

C. border-width:5px 20px 8px 2px　　D. border-width:8px 2px 5px 20px

5. 下列（　　）属性不可以被继承。

A. color　　B. text-indent

C. display　　D. font-style

6. CSS3 中常见的通配符选择器为（　　）。

A. #id 名　　B. .class 名

C. *　　D. span

7. CSS 关系选择器中的父元素是（　　）。

A. 直接被父元素包含的元素

B. 直接或间接包含后代元素的元素，父元素也是祖先元素

C. 直接包含子元素的元素

D. 拥有相同父元素的元素

（多选）8. CSS3 新增的伪类选择器有（　　）。

A. 结构性　　B. UI 元素状态

C. target　　D. not

9. CSS3 子元素选择器为（　　）。

A. .demospan　　B. .demo>span

C. .demo<span　　D. .demo1,.demo2

项目 6 CSS3网页样式

CSS3 是 CSS 标准的最新版本。如果说网页元素是网页的“硬装”，那么 CSS3 则是网页的“软装”。除了可以设置简单的网页样式外，CSS3 同时可以实现很多动画效果。希望通过本项目的学习，学生可以掌握 CSS 样式中字体、文本、边框、背景等基本属性的用法。本项目知识结构如下：

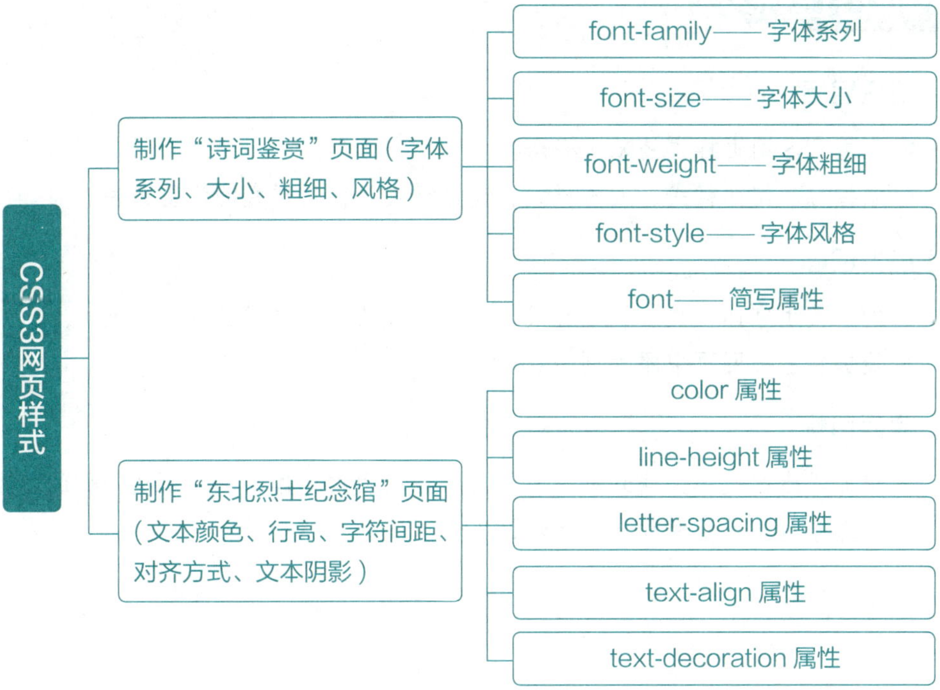

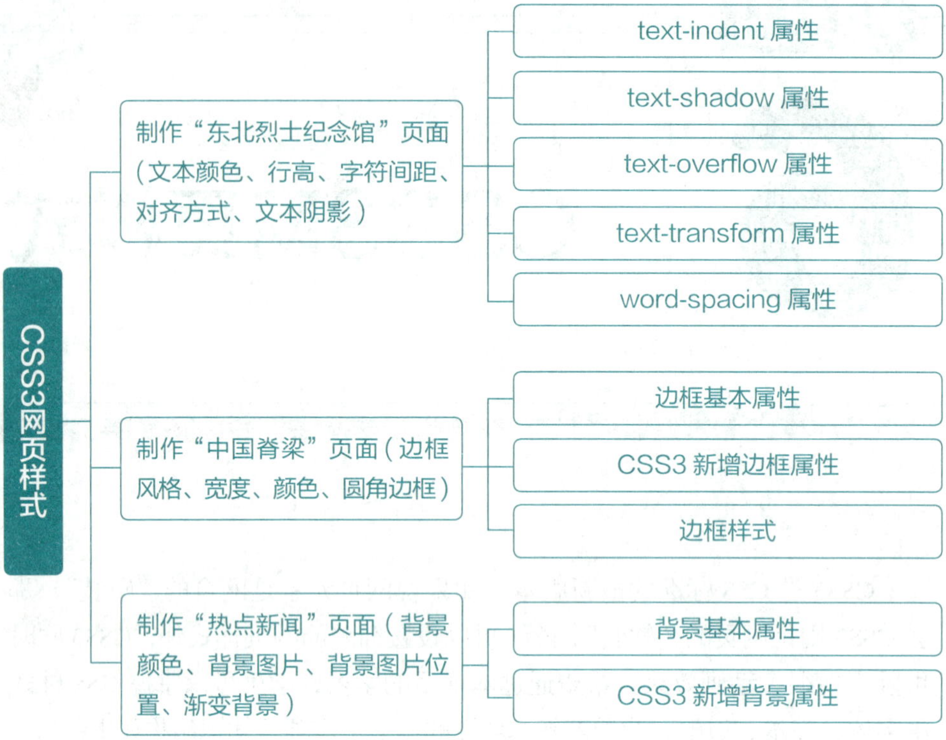

项目目标

知识目标

- 掌握 CSS 网页样式的基本概念。
- 掌握 CSS 字体样式、文本样式、边框样式及背景样式的设置方法。

能力目标

- 能够使用字体样式、文本样式、边框样式及背景样式独立设计网页。
- 能够在基础网页中添加创新点。

素质目标

- 培养学生在技术上遇到难题时集思广益、团结合作、一起解决问题的能力。
- 培养学生精益求精和认真严谨的工作态度。

学习任务 1 制作“诗词鉴赏”页面（字体系列、大小、粗细、风格）

任务要求

（1）熟练掌握 CSS 字体样式的设置方法和相关知识点。

（2）利用 CSS 字体属性完成“诗词鉴赏”页面。

（3）在完成案例的基础上添加自己的创意及想法。

任务分析

（1）使用 Visual Studio Code 编辑器进行代码书写。

（2）代码主要分为网页头部和网页主体两个部分。先在网页主体部分输入基本的元素代码，再写上样式代码。

（3）可根据自己的情况选择选择器，但要注意不同选择器的书写格式。

学习准备

相关知识点 1 font-family——字体系列

font-family 用于设置元素的字体系列，如宋体、黑体、微软雅黑等，当选用多种字体时，需用逗号将其分开，若浏览器不支持第一个字体，将会自动尝试下一个字体。使用方法如下：

```
body{font-family: "幼圆";}
```

相关知识点 2 font-size——字体大小

font-size 用于设置字体大小，常以像素（px）、相对值（em）为单位。这里要说明的是，字体大小的值设置得不同，em 也随之变化，如一个元素为 6 px，则对于元素来说 1 em 为 6 px。使用方法如下：

```
.f1{font-size: 24px;}
```

相关知识点 3 font-weight——字体粗细

font-weight 用于设置字体粗细，常用的属性值有 normal（正常）、bold（粗体）、bolder（加粗）、lighter（更细），或者可用数值来表示，如 100、200、900 等，数值越大，字体越粗，其中，400 相当于 normal，700 相当于 bold。normal 为默认值。使用方法如下：

```
#f2{font-weight: lighter;}
```

相关知识点 4　font-style——字体风格

font-style 用于设置字体风格，属性值有 3 种，分别为 normal（默认风格）、italic（斜体显示）、oblique（数值文本倾斜显示）。使用方法如下：

```
p{font-style: italic;}
```

任务实施

视频

制作“诗词鉴赏”页面讲解

（1）HTML 文件参考代码：

```
<!DOCTYPE html>
<html>
    <head>
            <meta charset="utf-8"/>
            <title>诗词鉴赏</title>
            <link rel="stylesheet" href="cssfont.css"/>
    </head>
    <body>
            <p class="f1">满江红·写怀</p>
            <p class="f2">岳飞〔宋代〕</p>
            <p class="f3">怒发冲冠，凭栏处、潇潇雨歇。<br/>
            抬望眼，仰天长啸，壮怀激烈。<br/>
            三十功名尘与土，八千里路云和月。<br/>
            莫等闲，白了少年头，空悲切！<br/>
            靖康耻，犹未雪。<br/>
            臣子恨，何时灭！<br/>
            驾长车，踏破贺兰山缺。<br/>
            壮志饥餐胡虏肉，笑谈渴饮匈奴血。<br/>
            待从头、收拾旧山河，朝天阙。</p>
            <p class="f4">译文及注释</p>
            <p class="f5">译文</p>
            <p class="f6">我愤怒得头发竖了起来，帽子被顶飞了。独自登高
凭栏远眺，骤急的风雨刚刚停歇。抬头远望天空，禁不住仰天长啸，一片报国之心充满
```

```
心怀。三十多年来虽已建立一些功名，但如同尘土微不足道，南北转战八千里，经过多少风云人生。好男儿，要抓紧时间为国建功立业，不要空空将青春消磨，等年老时徒自悲切。靖康之变的耻辱，至今仍然没有被雪洗。作为国家臣子的愤恨，何时才能泯灭！我要驾着战车向贺兰山进攻，连贺兰山也要踏为平地。我满怀壮志，打仗饿了就吃敌人的肉，谈笑渴了就喝敌人的鲜血。待我重新收复旧日山河，再带着捷报向国家报告胜利的消息！</p>
            <p class="f5">注释</p>
            <p class="f6">潇潇：形容雨势急骤。<br/>
            等闲：轻易，随便。</p>
      </body>
  </html>
```

（2）CSS 文件参考代码：

```
  @charset "utf-8";
  .f1{
      font-family: "幼圆";
      font-size: 24px;
      font-weight: bold;
      text-align: center;
  }
  .f2{
      font-family: "幼圆";
      font-size: 1em;
      font-weight: lighter;
      text-align: center;
  }
  .f3{
      font-family: "宋体";
      font-size: 18px;
      text-align: center;
  }
  .f4{
      font-weight: bolder;
  }
  .f5{
      font-weight: bold;
      font-style: italic;
```

```
  }
  .f6{
      font-size: 0.5em;
      font-weight: 100;
      font-style: italic;
  }
```

（3）任务实现效果图：任务实现效果如图 6-1-1 所示。

图 6-1-1 “诗词鉴赏”页面实现效果图

课外拓展

相关知识点 font——简写属性

font 是字体样式的简写属性，可以将关于字体的属性都写在其中，至少要指定大小和系列，未指定的属性则使用默认值显示。使用方法如下：

```
 #A1{
     font:oblique bold 18px/20px "宋体", "Calibri"
     /* 字体斜体加粗，字体大小为 18 像素，行高为 20 像素，字体为宋体，
Calibri*/
 }
```

任务评价

课程名称：网页设计与制作			授课地点：	
学习任务 1：制作“诗词鉴赏”页面（字体系列、大小、粗细、风格）			授课教师：	授课学时：
课程性质：理实一体课程			综合评分：	
知识掌握情况评分（10分）				
序号	知识考核点	教师评价	分数	得分
1	字体系列设置		2	
2	字体大小设置		3	
3	字体粗细设置		2	
4	字体风格设置		3	
工作任务完成情况评分（60分）				
序号	能力操作考核点	教师评价	分数	得分
1	项目完成质量		30	
2	程序排错能力		10	
3	与组员的团队配合精神、协调能力		10	
4	精神面貌、专业自信、工匠精神、职业素养		10	
课堂表现情况评分（20分）				
序号	课堂表现考核点	教师评价	分数	得分
1	课堂考勤		10	
2	课堂过程表现		10	
任务总结反思（10分）				

学习任务 2

制作“东北烈士纪念馆”页面（文本颜色、行高、字符间距、对齐方式、文本阴影）

任务要求

（1）熟练掌握 CSS 文本样式的设置方法和相关知识点。

（2）利用 CSS 文本属性完成“东北烈士纪念馆”页面。

（3）“东北烈士纪念馆”页面风格有其特殊性，注意主题颜色的选择，要突出页面主题。

（4）在完成参考案例的基础上添加自己的创意及想法。

任务分析

“东北烈士纪念馆”页面主要由文字组成，可以采用不同大小的文字让页面看起来更丰富，同时通过适当的文字修饰也可以让用户在浏览时抓住重点。学生在完成本页面的同时可以加入自己的想法，通过添加超链接和其他人物网页介绍等，将网页扩展成一个主题网站。

学习准备

相关知识点 1　color 属性

文本属性是对一段文字进行整体的设置。其中，color 属性可以设置文本的颜色，设置方法有以下几种：

（1）预定义颜色，如 green、red、pink 等。

（2）十六进制颜色编码，由“#”和 6 位十六进制数组成，6 位数的取值由 0~9、a~f 组成，如 #066666、#fff011 等。

（3）rgb（值 1，值 2，值 3），值 1 为红色的浓度，值 2 为绿色的浓度，值 3 为蓝色的浓度，浓度值取值范围为 0~255 或 0%~100%，如 color：rgb（214，223，0）或 color：rgb（32%，11%，0%）等。

可以在 rgb 的基础上加上透明度，成为 rgba（值 1，值 2，值 3，透明度），透明度的取值在 0.0~1.0 之间，数值越小，透明度越高，如 rgba（214，223，0，0.2）。

（4）hsl（色调，饱和度，亮度），色调的取值范围为 0~360，用来指定颜色，饱和度的取值范围为 0.0%~100.0%，亮度的取值范围为 0.0%~100.0%。

和 rgb 一样，也可以在 hsl 后加上透明度，变成 hsla（色调，饱和度，亮度，透明度），透明度的用法同上。

相关知识点 2　line-height 属性

line-height 属性用于设置行高，单位为像素。line-height 属性会影响行框的布局，可以使用数字来设置，也可使用百分数来设置，百分数是相对于当前字体的大小。若要使垂直方向的文字居中，需要将 line-height 与 height 设置为相同的数值。例如：

```
.c3{
    font-family: "楷体";
    color: black;
    height: 24px;
    line-height: 24px;
}
```

相关知识点 3　letter-spacing 属性

letter-spacing 属性用于设置字符间距，当为正数时为增加间距，当为负数时为减小间距。例如：

```
<style>
    #d0{
        letter-spacing: 2px;
    }
    #d1{
        letter-spacing: -2px;
    }
    #d2{
        letter-spacing: normal;
    }
</style>
```

相关知识点 4　text-align 属性

text-align 属性用于设置文本水平对齐方式，包括 left（左对齐）、right（右对齐）、center（居中对齐）和 justify（两端对齐），其中，left 为默认值。值得注意的是，justify 两端对齐的显示效果是由浏览器所决定的，有些浏览器可能只会增加或减少字符的间距，而不是调整文本间距使每行长度都相等。例如：

```
<style>
    #d0{text-align: center;}
    #d1{text-align: left;}
```

```
    #d2{text-align: right;}
    #d3{text-align: justify;}
</style>
```

相关知识点 5　text-decoration 属性

text-decoration 属性用来设置或删除文本的装饰，如 underline（下划线）、line-through（删除线）、overline（上划线）等。例如：

```
<style>
    #d0{text-decoration: underline;}
    #d1{text-decoration: overline;}
    #d2{text-decoration: line-through;}
    #d3{text-decoration: none;}
</style>
```

相关知识点 6　text-indent 属性

text-indent 属性用于设置首行文本缩进，具体缩进数值根据文字大小确定。例如，当前字体大小为 24 px 时，若要首行缩进，则需要设置“text-indent：48 px”。

相关知识点 7　text-shadow 属性

text-shadow 属性用于设置文本阴影。该属性可对文字添加多个阴影，具体语法格式如下：

```
text-shadow: h-shadow  v-shadow  blur  color;
```

其中，h-shadow 为水平阴影，正值向左，负值向右；v-shadow 为垂直阴影，正值向下，负值向上；blur 为模糊程度；color 为阴影颜色。h-shadow、v-shadow 为必写选项，blur、color 为可选项。若有多重阴影，则用逗号隔开。

任务实施

视频
制作“东北烈士纪念馆”页面讲解

（1）HTML 文件参考代码：

```
<!DOCTYPE html>
<html>
    <head>
        <meta charset="utf-8"/>
        <title>东北烈士纪念馆简介</title>
```

```
        <link rel="stylesheet" href="csstext.css"/>
    </head>
    <body>
        <h1>东北烈士纪念馆</h1>
        <div><p class="p1">简介：馆内分为抗日战争馆和解放战争馆两
大部分，主要陈列在抗日战争和解放战争时期在东北地区牺牲的具有代表性的烈士事
迹。其中包括罗登贤、杨靖宇、赵尚志、赵一曼、李兆麟等革命烈士的事迹和大量珍贵
的历史文物和照片……
        </p>
        <p class="p2">东北烈士纪念馆在展面上共陈列200余位烈士，每
位烈士都是在特定历史条件下，在同侵略者进行斗争时牺牲的。纪念馆在陈列时于东北
抗战十四年的大背景下分作不同的时期，始终把握红、黑两条线去叙述烈士的英雄事
迹。红线从“九一八”事变开始，东北人民抗日武装斗争经历了从自发到自觉、从单一
武装抗日到建立广大抗日游击根据地、从各自分散行动到在以中国共产党领导下的东北
抗日联军为主体的各抗日武装的联盟作战的转变。每一位烈士都是这条红线上不同时期
的民族英雄，都是中华民族抗击日本帝国主义侵略战争链条上的闪光点，只有把英烈置
于所处的历史环境中，才能更深刻地理解英雄壮举的高尚和可贵。黑线即日本帝国主义
侵略中国东北的罪恶线。纪念馆从红线主线、黑线副线出发，集中体现哪里有侵略哪里
就有抵抗的必然性。纪念馆利用烈士馆的原址——伪满哈尔滨警察厅这一残害和屠杀我
抗日志士的魔窟，复原当年日本法西斯为镇压东北人民抗日战争而设置的各种机构，展
示敌人制造惊天惨案和残害我抗日同胞的各种刑具，尤其是曾关押和刑讯抗日女英雄赵
一曼的铁窗斗室。在敌人具体而真实的罪恶面前，观众可以真切感受日本法西斯的残
暴，从而激起对抗日英烈的崇敬。</p>
        <span>开放时间</span>
        <p class="p3">9:00 ~ 16:00(15:30停止入馆)星期一闭馆</p>
        <span>公交线路</span>
        <p class="p3">2路、8路、89路、105路、107路、108路、
109路、115路、201路公交车</p>
        <span id="c1">地址：黑龙江省哈尔滨市南岗区一曼街241号
</span></div>
    </body>
</html>
```

（2）CSS 文件参考代码：

```
@charset "utf-8";
div{
   width: 800px;
   margin: 0px auto;
}
h1{
   text-shadow: 8px -6px 6px #000;
   text-align: center;
   color: #aa0000;
   letter-spacing: 9px;
}
.p1{
   font-family: "幼圆";
   font-size: 12px;
   color: gray;
   letter-spacing: 1px;
   text-decoration: underline #d68f00;
   line-height: 20px;
   text-overflow: clip;
}
.p2{
   text-indent: 36px;
   line-height: 35px;
   color: #343434;
}
span{
   text-align: left;
   font-weight: bold;
}
.p3{
   text-decoration: underline;
}
#c1{
   font-style: italic;
}
```

（3）任务实现效果：任务实现效果图如图 6-2-1 所示。

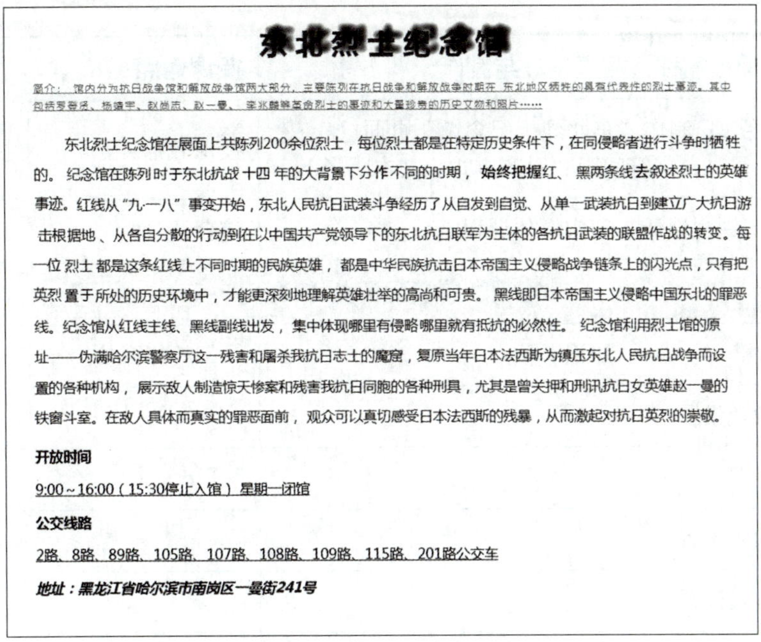

图 6-2-1 “东北烈士纪念馆”页面实现效果图

课外拓展

相关知识点 1　text-overflow 属性

text-overflow 属性用于规定溢出文本的显示方式，如 clip（不显示溢出文本）、ellipsis（使用省略符号显示溢出文本）。

相关知识点 2　text-transform 属性

text-transform 属性可控制文本转换，如 none（不转换）、capitalize（首字母大写）、uppercase（转成大写）、lowercase（转成小写）。其中，none 为默认值。

相关知识点 3　word-spacing 属性

word-spacing 属性可设置英文单词的字间隔，换而言之，就是在字之间加入或减少多少空白符。例如：

```
<style>
    .c0{word-spacing: normal;}
    .c1{word-spacing: 10px;}
    .c2{word-spacing: -10px;}
    .c3{word-spacing: 0px;}
</style>
```

任务评价

<table>
<tr><td colspan="3">课程名称：网页设计与制作</td><td colspan="3">授课地点：</td></tr>
<tr><td colspan="3">学习任务 2：制作“东北烈士纪念馆”页面
（文本颜色、行高、字符间距、对齐方式、文本阴影）</td><td>授课教师：</td><td colspan="2">授课学时：</td></tr>
<tr><td colspan="3">课程性质：理实一体课程</td><td colspan="3">综合评分：</td></tr>
<tr><td colspan="6">知识掌握情况评分（10分）</td></tr>
<tr><td>序号</td><td colspan="2">知识考核点</td><td>教师评价</td><td>分数</td><td>得分</td></tr>
<tr><td>1</td><td colspan="2">文本颜色设置</td><td></td><td>2</td><td></td></tr>
<tr><td>2</td><td colspan="2">行高设置</td><td></td><td>2</td><td></td></tr>
<tr><td>3</td><td colspan="2">字符间距设置</td><td></td><td>2</td><td></td></tr>
<tr><td>4</td><td colspan="2">对齐方式设置</td><td></td><td>2</td><td></td></tr>
<tr><td>5</td><td colspan="2">文本阴影设置</td><td></td><td>2</td><td></td></tr>
<tr><td colspan="6">工作任务完成情况评分（60分）</td></tr>
<tr><td>序号</td><td colspan="2">能力操作考核点</td><td>教师评价</td><td>分数</td><td>得分</td></tr>
<tr><td>1</td><td colspan="2">项目完成质量</td><td></td><td>30</td><td></td></tr>
<tr><td>2</td><td colspan="2">程序排错能力</td><td></td><td>10</td><td></td></tr>
<tr><td>3</td><td colspan="2">与组员的团队配合精神、协调能力</td><td></td><td>10</td><td></td></tr>
<tr><td>4</td><td colspan="2">精神面貌、专业自信、工匠精神、职业素养</td><td></td><td>10</td><td></td></tr>
<tr><td colspan="6">课堂表现情况评分（20分）</td></tr>
<tr><td>序号</td><td colspan="2">课堂表现考核点</td><td>教师评价</td><td>分数</td><td>得分</td></tr>
<tr><td>1</td><td colspan="2">课堂考勤</td><td></td><td>10</td><td></td></tr>
<tr><td>2</td><td colspan="2">课堂过程表现</td><td></td><td>10</td><td></td></tr>
<tr><td colspan="6">任务总结反思（10分）</td></tr>
<tr><td colspan="6"></td></tr>
</table>

学习任务 3

制作"中国脊梁"页面（边框风格、宽度、颜色、圆角边框）

任务要求

（1）熟练掌握 CSS 边框样式的设置方法和相关知识点。

（2）利用 CSS 边框属性完成"中国脊梁"页面。

（3）在设置页面风格时，注意主题颜色的选择，突出页面主题。

（4）在完成参考案例的基础上添加自己的创意及想法。

任务分析

（1）使用 Visual Studio Code 编辑器进行代码书写。

（2）代码主要分为网页头部和网页主体两部分。先在网页主体部分输入基本的元素代码，再在网页头部书写 <style> 标签，按照 CSS 语法写上样式代码。

（3）网页主要由文字和图片组成，在使用图片时应注意图片的大小和比例，防止图片失真。

学习准备

相关知识点 1　边框基本属性

边框基本属性及其说明如表 6-3-1 所示。

表 6-3-1　边框基本属性及其说明

属　性	说　明
border-style	边框样式
border-width	边框宽度
border-color	边框颜色
border	边框简写属性

在设置边框样式、宽度、颜色时，可指定具体边，如 border-left-color、border-right-style 等。

相关知识点 2　CSS3 新增边框属性

1. 圆角边框

圆角边框（border-radius）常常用来美化网页效果，目前大多数主流浏览器都支持这个属性，一个元素通常有 4 个角，可以指定圆角半径，也可单独指定某一个角。例如：

```
div{
    border-radius: 20px; /* 指定圆角半径 */
    border-radius: 20px 50px; /* 指定两个半径，不同的浏览器对这两个值
的处置方式不同，可能为椭圆，也可能为对角一致的形状 */
    border-top-left-radius: 20px;/* 指定左上角圆角半径 */
    border-top-right-radius: 15px ;/* 指定右上角圆角半径 */
    border-bottom-left-radius: 30px;/* 指定左下角圆角半径 */
    border-bottom-right-radius: 40px;/* 指定右下角圆角半径 */
}
```

2. 图片边框

图片边框（border-image）具体语法如下：

```
border-image: none（默认值，无背景图片）|<image>number|percentage
stretch|repeat|round
```

其中，number用于设置图片大小，percentage用于设置图片大小百分比，stretch|repeat|round为平铺方式。

任务实施

视频
制作“中国脊梁”页面讲解

（1）HTML 文件参考代码：

```
<!DOCTYPE html>
<html>
    <head>
            <meta charset="utf-8"/>
            <title>中国脊梁</title>
    </head>
    <body>
            <div id="b1">
                    <br/>
                    <h1 color="#ffd321" align="center">中国脊梁</h1>
                    <div class="bg01">
```

```
            <div id="b2"><img src="img/1.jpg" height="200"
width="200" alt=" "/></div>
            <div id="f1"><br/>(1930.9.7-2021.5.22) 我国杂交
水稻研究创始人，被誉为“杂交水稻之父”“当代神农”等。1953 年，袁隆平毕业于
西南农学院（2005 年并入西南大学）。1964 年开始研究杂交水稻，1973 年实现三系
配套。袁隆平致力于杂交水稻研究，发明“三系法”籼型杂交水稻，成功研究出“二系
法”杂交水稻，创建了超级杂交稻技术体系，使我国杂交水稻研究始终居世界领先水
平。</div>
            <div id="b3"><img src="img/3.jpg" height="200"
width="200" alt=" "/></div>
            <div id="f2"><br/>1930 年 12 月 30 日出生于浙江宁波，
1955 年毕业于北京医学院（今北京大学医学部）。毕业后接受中医培训两年半，并一
直在中国中医研究院（2005 年更名为中国中医科学院）工作，从事中药和中西药结合
研究，突出贡献是创制新型抗疟药青蒿素和双氢青蒿素。1972 年成功提取分子式为
C15H22O5 的无色结晶体，命名为青蒿素。2011 年 9 月，因发现青蒿素——一种用于治
疗疟疾的药物，挽救了全球特别是发展中国家数百万人的生命获得拉斯克临床医学研究
奖和葛兰素史克中国研发中心生命科学杰出成就奖。</div>
         </div>
      </div>
   </body>
</html>
```

（2）CSS 文件参考代码：

```
<style>
      *{
         margin: 0;
         padding: 0;
         border: 0;
      }
      h1{
         color: #ffa500;
```

```
        font-size: 50px;
        text-shadow: 10px 10px 5px black;
    }
    #b1{
        width: 100%;
        height: 100%;
        border: solid  10px #fff;
        margin: 0 auto;
        background-color: red;
        -moz-border-top-colors:#a5f #50f #5af;
    }
    #b2{
        width: 200px;
        height: 200px;
        border: outset yellow 5px;
        margin: 60px 30px 30px;
        background-color: #fff;
        border-radius: 50%;
        overflow: hidden;
        float: left;
    }
    #f1{
        float: left;
        font-family: "隶书";
        color: #fff;
        font-size: 18px;
        width: 600px;
        height: 200px;
        margin-top: 60px;
        border: dashed yellow 3px;
        border-radius: 20px;
    }
    #b3{
        width: 200px;
        height: 200px;
        border: outset yellow 5px;
        margin-top: 100px;
```

```
        border-radius: 50%;
        overflow: hidden;
        float: right;
        margin: 60px 30px 30px;
    }
    #f2{
        float: right;
        font-family: "隶书";
        color: #fff;
        font-size: 18px;
        width: 600px;
        height: 200px;
        margin-top: 30px;
        border: dashed yellow 3px;
        border-radius: 20px;
    }
    .bg01{
        background-color: rgba(255,255,255,0.4);
        width: 900px;
        height: 800px;
        margin: 10px auto;
        border-radius: 30px;
    }
</style>
```

（3）任务实现效果图：任务实现效果如图 6-3-1 所示。

图 6-3-1 “中国脊梁”页面实现效果图

课外拓展

相关知识点　边框样式

边框样式及其说明如表 6-3-2 所示。

表 6-3-2　边框样式及其说明

边框样式	说　明
dotted	圆点边框
dashed	虚线边框
solid	实线边框
double	双线边框
groove	蚀刻边框
ridge	突出边框
inset	嵌入样式
outset	凸起样式

任务评价

课程名称：网页设计与制作		授课地点：		
学习任务 3：制作“中国脊梁”页面 （边框风格、宽度、颜色、圆角边框）		授课教师：	授课学时：	
课程性质：理实一体课程		综合评分：		
知识掌握情况评分（10分）				
序号	知识考核点	教师评价	分数	得分
1	设置边框		5	
2	制作圆角边框		5	
工作任务完成情况评分（60分）				
序号	能力操作考核点	教师评价	分数	得分
1	项目完成质量		30	
2	程序排错能力		10	
3	与组员的团队配合精神、协调能力		10	
4	精神面貌、专业自信、工匠精神、职业素养		10	

续表

课堂表现情况评分（20分）				
序号	课堂表现考核点	教师评价	分数	得分
1	课堂考勤		10	
2	课堂过程表现		10	
任务总结反思（10分）				

学习任务 4

制作“热点新闻”页面（背景颜色、背景图片、背景图片位置、渐变背景）

任务要求

（1）熟练掌握 CSS 背景属性的设置方法和相关知识点。

（2）利用 CSS 背景属性完成“热点新闻”页面。

（3）在设置页面风格时，注意主题颜色的选择，突出页面主题。

（4）在完成参考案例的基础上添加自己的创意及想法。

任务分析

（1）使用 Visual Studio Code 编辑器进行代码书写。

（2）代码主要分为网页头部和网页主体两个部分。先在网页主体部分输入基本的元素代码，再在网页头部书写 <style> 标签，按照 CSS 语法写上样式代码。

学习准备

相关知识点　背景基本属性

背景基本属性如表 6-4-1 所示。

表 6-4-1　背景基本属性

属　性	说　明	例　子
background-color	设置背景颜色，默认值为 none	.c1{background-color:red;}
background-image	设置背景图像，图像可使用浏览器支持的图片格式	body{ background-image:url(img/1.jpg);}

background-repeat	背景图像平铺方式，属性值为 repeat（平铺）、*x*-repeat（水平平铺）、*y*-repeat（垂直平铺）	div{
		background-repeat:no-repeat;
		}

background-attachment	背景是否随内容滚动，属性值为 scroll（滚动，默认值）、fixed（固定）	#d1{
		background-attachment:fixed;
		}

background-position	背景图像位置： 可为图像左上角指定一个绝对值； 可以使用水平和垂直方向的百分数表示； 可以使用关键字描述位置	div{background-position: 5px 15px; background-position: 50% 50%; background-position: top left;}
background-size	设置背景尺寸大小	div{background-size:50px 60px;}

任务实施

视频
制作“热点新闻”页面讲解

（1）HTML 文件参考代码：

```
<body>
    <div id="box1">
        <div id="left">
            <ul>
                <li><a href="#">科技新闻</a></li>
                <li><a href="#">财经新闻</a></li>
                <li><a href="#">健康医疗</a></li>
                <li><a href="#">生活购物</a></li>
                <li><a href="#">军事政治</a></li>
                <li class="col01"><a href="#">文化专栏</a></li>
            </ul>
        </div>
        <div id="right">
```

```
            <h1>非遗文化--木雕</h1><br/>
            <hr align="center"><br/>
            <figure>
                <center><img src="img/mudiao.jpg" width="550"
height="200"/><figcaption><h6>精美的木雕</h6></figcaption></center>
            </figure><br/>
            <section class="font01">
                    木雕以其深厚的文化
底蕴、丰富多彩的精美纹饰、精细多样的雕刻技艺成为传拓对象。木雕传拓方法特殊，
同时存世的木雕有些被泥土、油烟侵蚀，拓纸无法与拓本紧密贴合。要想掌握木雕传拓
技艺，学艺者需要了解木雕历史、木雕纹饰的内涵，同时具备美术功底并进行专业学习
和长久实践……<h6>---打开全文---</h6>
            </section>
        </div>
    </div>
</body>
```

（2）CSS文件参考代码：

```
<style>
        *{
            margin: 0;
            padding: 0;
            border: 0;
        }
        body {
            font-size: 18px;
            text-decoration: none;
            background-color: #949494;
            padding: 35px 0 0 0;
            }
        #box1{
                width: 900px;
                height: 600px;
                margin: 20px auto;
            }
```

```
#left{
    width: 200px;
    height: 100%;
    border: 1px solid #bcbcbc;
    float: left;
    background-image: url(img/bg-0109.gif);
}
#right{
    width: 630px;
    height: 100%;
    border: 1px solid #bcbcbc;
    margin-left: 25px;
    float: left;
    background-image: url(img/bg-0092.gif);
    background-repeat: repeat;
    background-position: center top;
}
#left ul li {
    list-style-type: none;
    width: 200px;
    height: 50px;
    text-align: center;
    line-height: 50px;
    border-bottom: 1px solid #aaaa7f;
}
a{
    text-decoration: none;
    color: #000;
}
a:hover{
    color: #6b1a06;
}
h1{
    text-align: center;
    color: #323232;
    font-family: "微软雅黑";
```

```
            }
            .font01{
                font-size: 16px;
                font-family: "Courier New", Courier, monospace;
                color: #323232;
            }
        .col01{background-color: aqua;}
</style>
```

（3）任务实现效果图：任务实现效果如图 6-4-1 所示。

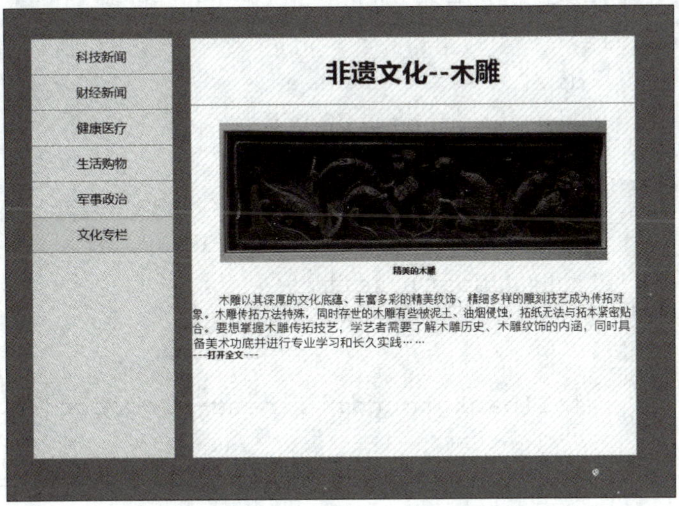

图 6-4-1 “热点新闻”页面实现效果图

课外拓展

相关知识点　CSS3 新增背景属性

1. background-clip

background-clip 用于设置背景的剪裁区域，语法如下：

```
background-clip: border-box（边框区域向外裁剪）|padding-box（内边距向外裁剪）|content-box（内容区域向外裁剪）
```

2. 渐变背景

CSS3 渐变背景属性可设置多种颜色过渡的效果，可实现线性渐变、径向渐变、重复径向渐变，具体方法如下。

（1）线性渐变：background：linear-gradient（渐变方向，颜色 1，颜色 2，……），其中，

渐变方向有 to right、to bottom right 等。

（2）径向渐变：background：radial-gradient（形状，中心颜色 1，颜色 2，…，最终颜色），其中，形状可为 circle（圆形）、ellipse（椭圆形，默认值）。

（3）重复径向渐变：background：repeating-radial-gradient（形状，中心颜色 1，颜色 2，…，最终颜色），其中，形状可为 circle（圆形）、ellipse（椭圆形，默认值）。

例如：

```
<!DOCTYPE html>
<html>
    <head>
        <meta charset="utf-8"/>
        <title></title>
        <style>
            div{
                width: 100px;
                height: 100px;
                border: 1px solid #aaaaff;
                border-radius: 50%;
                float: left;
                text-align: center;
            }
            #b1{background: linear-gradient(45deg,#55aaff,
#ffaaff);}
            #b2{background: linear-gradient(45deg,#55aaff
30%,#ffaaff 60%);}
            #b3{background: radial-gradient(circle,#55aaff
,#ffaaff);}
            #b4{background: radial-gradient(ellipse,#55aaff
20%,#ffaaff 50%);}
        </style>
    </head>
    <body>
        <div id="b1">b1</div>
        <div id="b2">b2</div>
        <div id="b3">b3</div>
        <div id="b4">b4</div>
    </body>
</html>
```

上述代码的渐变效果如图 6-4-2 所示。

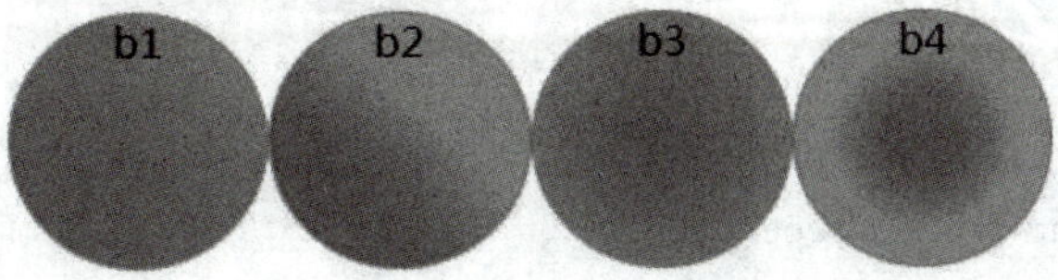

图 6-4-2 渐变效果

任务评价

课程名称：网页设计与制作	授课地点：			
学习任务 4：制作“热点新闻”页面（背景颜色、背景图片、背景图片位置、渐变背景）		授课教师：	授课学时：	
课程性质：理实一体课程		综合评分：		
知识掌握情况评分（10分）				
序号	知识考核点	教师评价	分数	得分
1	背景颜色、图片设置		5	
2	背景图片位置设置		2	
3	渐变背景设置		3	
工作任务完成情况评分（60分）				
序号	能力操作考核点	教师评价	分数	得分
1	项目完成质量		30	
2	程序排错能力		10	
3	与组员的团队配合精神、协调能力		10	
4	精神面貌、专业自信、工匠精神、职业素养		10	
课堂表现情况评分（20分）				
序号	课堂表现考核点	教师评价	分数	得分
1	课堂考勤		10	
2	课堂过程表现		10	
任务总结反思（10分）				

课后习题

1. 为所有的 h2 元素添加背景颜色，以下代码正确的是（　　）。

A. h2.all{background-color:#eeeeee}

B. h3{background-color:#eeeeee}

C. all.h2{background-color:#eeeeee}

D. h2{background-color:#eeeeee}

2. CSS3 字体样式的（　　）属性用于设置字体。

A. font-family　　B. font-weight

C. font-size　　D. font-style

3. CSS3 字体样式的（　　）属性用于设置字体粗细。

A. font-family　　B. font-weight

C. font-size　　D. font-style

4. CSS 文本属性（　　）用于设置段落缩进。

A. text-indent　　B. text-decoration

C. text-transform　　D. text-align

5. CSS 文本属性（　　）用于设置段落间距。

A. text-indent　　B. margin

C. text-transform　　D. text-align

6. CSS 文本属性（　　）用于设置字词间距。

A. text-indent　　B. word-spacing

C. text-transform　　D. text-align

7. CSS 文本属性（　　）用于设置边框。

A. margin　　B. border

C. text-transform　　D. text-align

8. CSS 背景属性（　　）为内容设置背景色。

A. background-image：url()　　B. background-attachment

C. background-color　　D. background-repeat

9. CSS 背景属性（　　）用于设置背景图片在竖直方向平铺。

A. repeat　　B. repeat-x

C. repeat-y　　D. no-repeat

10. CSS 背景属性（　　）用于定位背景图片。

A. background-attachment　　B. background-color

C. background-repeat　　D. background-position

项目 7　CSS3盒模型

人们浏览的网页有的简洁明了，有的繁复华丽，但不管哪种风格的网页都是由基础的元素构成的。这些元素在 HTML 文档中的实现效果是会产生一个盒子，这个盒子可以看作一个容器，容器中可以放置网页中需要显示的内容。只要掌握了如何去摆放这些盒子，不管什么样的页面设计都将变得简单。本项目知识结构如下：

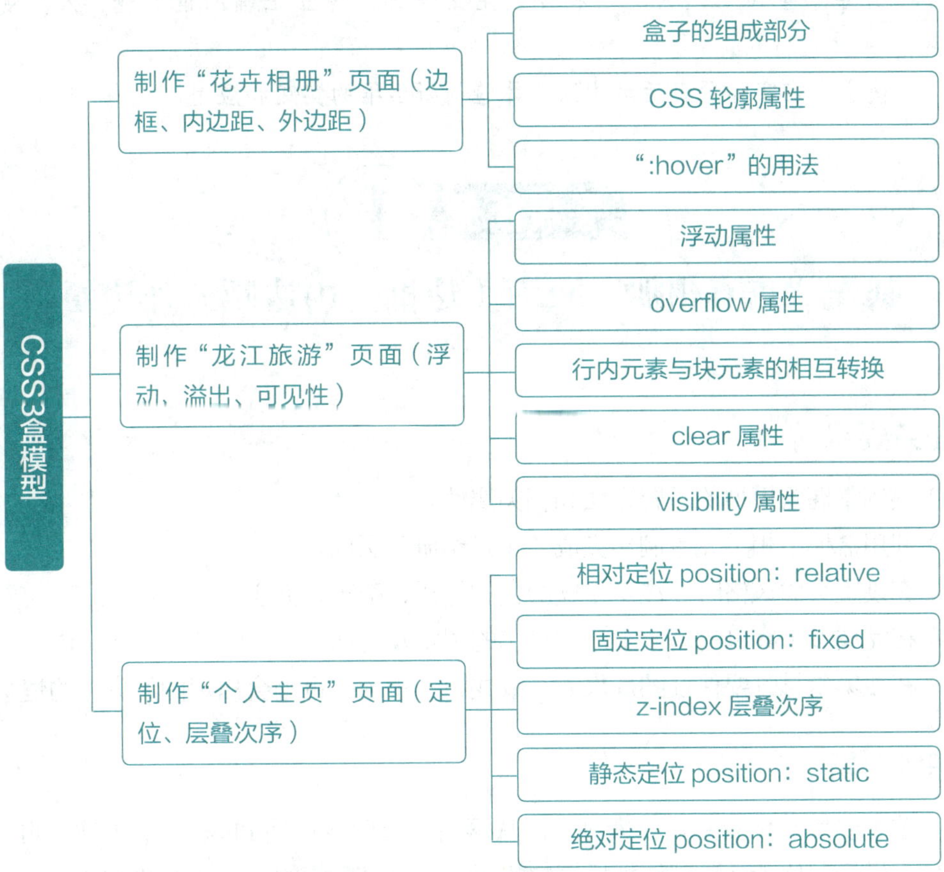

项目目标

知识目标

▶ 掌握 CSS3 中盒模型的概念。

▶ 掌握盒模型相关属性及用法。

▶ 掌握定位的概念及用法。

能力目标

▶ 能用盒模型进行网页布局及设计。

▶ 能熟练运用定位进行网页元素布局。

素质目标

▶ 培育学生的责任感，使学生具有持之以恒、精益求精、勇于创新的“大国工匠”精神。

▶ 培养学生在技术上遇到难题时集思广益、团结合作、一起解决问题的能力。

▶ 引导学生树立远大理想和爱国主义情怀，树立正确的世界观、人生观和价值观。

▶ 使学生在实际项目活动中深入体验创新思维的实践和应用。

学习任务 1

制作“花卉相册”页面（边框、内边距、外边距）

任务要求

（1）熟练掌握盒模型的设置方法和相关属性。

（2）利用盒模型相关元素制作完成“花卉相册”页面。

（3）在设置页面风格时，注意主题颜色的选择，突出页面主题。

（4）在完成参考案例的基础上添加自己的创意及想法。

（5）在搜集素材时要保证图片尺寸一致或比例相同，否则会出现图片失真的情况。

任务分析

（1）首先要搜集相应素材，素材可以从网络上获取或使用 Photoshop 等软件自己设计。但不管什么样的图片素材，都要把握好它的尺寸，这对后续的使用是有益的。

（2）本案例的页面元素以图片为主，所以在布局时要注意整齐且风格一致。

（3）CSS 样式可使用外部样式表或内部样式。

（4）限于篇幅，示例中并没有将所有传统花卉展示完整，学生可在此基础上补充完整，最好添加自己的创意。

学习准备

相关知识点 1　盒子的组成部分

盒子模型的组成如图 7-1-1 所示。中间部分为显示的实际内容，可以是块级元素也可以是行级元素，加深部分为边框 border，边框与内容之间的部分为内边距 padding，内边距可以显示元素的背景，边框外沿部分为外边距 margin，外边距默认为透明。

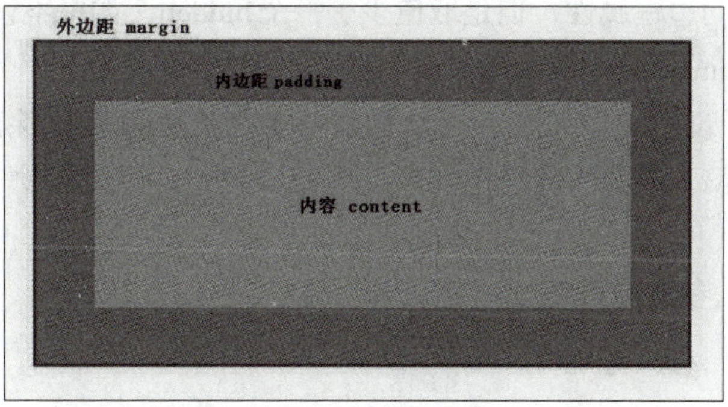

图 7-1-1　盒子的组成部分

（1）margin 属性。外边距 margin 常有 margin-top、margin-right、margin-bottom 和 margin-left 四个方向，也可将所有属性都放在 margin 一个声明中。属性值单位可以为 px、em 等，也可以为参考父元素值的百分比或 auto，默认值为 0。具体写法如下。

① margin：10 px 11 px 12 px 13 px。此时这四个属性值所规定的方向为上、右、下、左。

② margin：10 px 11 px 12 px。当属性值为三个时，10 px 为上边距，11 px 为左右边距，12 px 为下边距。

③ margin：10 px、11 px。当属性值为两个时，10 px 为上下边距，11 px 为左右边距。

④ margin：10 px。此时上、下、左、右边距均为 10 px。

⑤当对外边距指定的值少于四个时，将应用如下值复制规则：

a. 缺少左外边距，则复制右外边距。

b. 缺少下外边距，则复制上外边距。

c. 缺少右外边距，则复制左外边距。

（2）padding 属性。内边距 padding 与外边距规定类似，也可单独规定 padding-top、padding-right、padding-bottom、padding-left。使用方法同 margin 属性。

有时制作的网页在浏览器中预览时可能会发生元素位置偏移现象，但检查代码并未出错，那是什么原因造成的呢？一些浏览器自身会为 margin、padding 和 border 设置默认值，所以在进行网页编写时通常会先进行清零设置，这样就可以在不同的浏览器中统一页面样式了。具体用法如下：

```
*{
    margin: 0px;
    padding: 0px;
    border: 0px; }
```

相关知识点 2　CSS 轮廓属性

outline 属性用于在元素边框外围绘制一条线，且不会占用页面实际物理布局。轮廓属性可对轮廓的样式、颜色和宽度进行设置。

outline-style 属性同边框属性，但是取值少了一个 hidden，如果不设置 outline-style 属性，则 outline-color 和 outline-width 没有意义。

outline-color 用于设置轮廓颜色，具体用法可参考边框颜色，除此之外，outline-color 增加了一个属性值 invert，表示背景色反色，为默认颜色，可使轮廓在任何背景颜色下都可见。

outline-width 用法参考边框宽度。

视频

制作"花卉相册"页面讲解

任务实施

（1）HTML 文件参考代码：

```
<body>
        <h1> 中国传统花卉 </h1>
        <div id="container">
             <div id="d1"><a href="#"><img src="img/he.jpg"
title=" 荷花，点击查看详情 "/></a></div>
             <div id="d2"><a href="#"><img src="img/mei.
jpg" title=" 梅花，点击查看详情 "/></a></div>
             <div id="d3"><a href="#"><img src="img/ju.jpg"
title=" 菊花，点击查看详情 "/></a></div>
             <div id="d4"><a href="#"><img src="img/mu.jpg"
title=" 牡丹，点击查看详情 "/></a></div>
             <div id="d5"><a href="#"><img src="img/lan.
jpg" title=" 兰花，点击查看详情 "/></a></div>
             <div id="d6"><a href="#"><img src="img/gui.
jpg" title=" 桂花，点击查看详情 "/></a></div>
```

```
        <div id="d7"><h6>欢迎浏览中国传统花卉相册，本相册主要介绍中国著名花卉，详情可点击图片浏览</h6>
        <p><i>    中国十大名花分别是花中之魁－梅花、花中之王－牡丹、凌霜绽放－菊花、君子之花－兰花、花中皇后－月季、繁花似锦－杜鹃、花中娇客－茶花、水中芙蓉－荷花、十里飘香－桂花、凌波仙子－水仙花这十种名贵又美丽的地方名花。<br/>
    梅花被誉为“中国十大名花之首”。这十种花分别代表着中国不同层面的精神文化底蕴，有着深厚而浓重的历史内涵，各自在花卉界独树一帜，在中国传统文化中具有非凡意义。</i></p></div>
      </div>
   </body>
```

（2）CSS 文件参考代码：

```
*{
   margin: 0px;
   padding: 0px;
   border: 0px;
}
img{
         width: 240px;
         height: 200px;
}
body{
         background-color: aliceblue;
         background-image: url("img/bg-0092.gif");
         background-repeat: repeat;
}
h1{
         text-align: center;
         font-family: "微软雅黑";
         color: #32324c;
         margin-top: 10px;
         margin-bottom: 30px;
}
#container{
         width: 900px;
```

```
        height: 900px;
        border: 2px inset #aaaaff;
        margin: 0 auto;
}
#d1{
        width: 240px;
        height: 200px;
        border: 2px inset #aaaaff;
        margin-top: 40px;
        margin-left: 60px;
        float: left;
        padding: 5px;
}

#d2{
        width: 240px;
        height: 200px;
        border: 2px inset #aaaaff;
        margin-top: 40px;
        margin-left: 20px;
        float: left;
        padding: 5px;
}
#d3{
        width: 240px;
        height: 200px;
        border: 2px inset #aaaaff;
        margin-top: 40px;
        margin-left: 20px;
        float: left;
        padding: 5px;
}
#d4{
        width: 240px;
        height: 200px;
        border: 2px inset #aaaaff;
        margin-top: 40px;
```

```
        margin-left: 60px;
        float: left;
        padding: 5px;
}
#d5{
        width: 240px;
        height: 200px;
        border: 2px inset #aaaaff;
        margin-top: 40px;
        margin-left: 20px;
        float: left;
        padding: 5px;
}
#d6{
        width: 240px;
        height: 200px;
        border: 2px inset #aaaaff;
        margin-top: 40px;
        margin-left: 20px;
        float: left;
        padding: 5px;
}
#d7{
        width: 850px;
        height: 100%;
        margin: 30px auto;
        border-top: 2px dashed #aaaaff;
        float: left;
        clear: both;
}
img:hover{
        border: 2px dashed #ffaa00;
}
```

（3）任务实现效果图：任务实现效果如图 7-1-2 所示。

图 7-1-2 “花卉相册”页面实现效果图

课外拓展

相关知识点 “:hover”的用法

“:hover”是一种伪类，其用途是为超链接定义样式效果，通常的效果为当鼠标指针移动到超链接处时会触发相应 CSS 样式设置的变化。

任务评价

课程名称：网页设计与制作		授课地点：		
学习任务 1：制作“花卉相册”页面（边框、内边距、外边距）		授课教师：	授课学时：	
课程性质：理实一体课程		综合评分：		
知识掌握情况评分（10分）				
序号	知识考核点	教师评价	分数	得分
1	CSS 边框设置		3	
2	内边距、外边距设置		7	

续表

工作任务完成情况评分（60分）				
序号	能力操作考核点	教师评价	分数	得分
1	项目完成质量		30	
2	程序排错能力		10	
3	与组员的团队配合精神、协调能力		10	
4	精神面貌、专业自信、工匠精神、职业素养		10	
课堂表现情况评分（20分）				
序号	课堂表现考核点	教师评价	分数	得分
1	课堂考勤		10	
2	课堂过程表现		10	
任务总结反思（10分）				

学习任务2 制作“龙江旅游”页面（浮动、溢出、可见性）

任务要求

（1）熟练掌握块元素和行内元素的设置方法和操作。

（2）利用盒子的浮动属性完成“龙江旅游”页面的设计。

（3）在设置页面风格时，注意主题颜色的选择，突出“龙江旅游”页面主题。

（4）通过互联网搜索素材，加深对黑龙江旅游产业的了解。

（5）在完成参考案例的基础上添加自己的创意及想法。

任务分析

（1）“龙江旅游”网站主要介绍黑龙江各地的旅游景点和地道美食，在设计网站导航内容时可以从不同角度进行设计划分，不必拘泥于参考案例。

（2）本参考案例中用到了大量的 <li> 标签，在设计这一部分内容时要及时回顾有序列表与无序列表的相关知识。

（3）学生可根据参考案例的风格增加相应页面，使网站内容更加丰富。

学习准备

相关知识点 1　浮动属性

在 CSS3 中，可以使用 float 属性设置元素的浮动位置，具体说明如表 7-2-1 所示。

表 7-2-1　浮动属性

属 性 值	说　明
none	元素不进行浮动，正常出现在文档流中，为默认值
left	脱离文档流向左浮动
right	脱离文档流向右浮动
inherit	继承父元素的浮动值

相关知识点 2　overflow 属性

有时盒子中的内容会超出其所能容纳的范围，此时需要决定这些“溢出”的内容如何显示，可以使用 overflow 属性进行设置，具体说明如表 7-2-2 所示。

表 7-2-2　overflow 属性

属 性 值	说　明
visible	无论盒子是否有溢出，都正常显示其所有内容
hidden	当盒子中的内容溢出时，隐藏超出盒子的部分
scroll	无论盒子有无溢出都显示预设滚动条，溢出部分可通过滚动条查看
auto	无溢出时正常显示，当有溢出内容时显示滚动条，通过滚动条查看溢出内容

任务实施

视频
制作“龙江旅游”页面讲解

（1）HTML 文件参考代码：

```
<body>
        <div id="container">
```

```
        <div id="banner">
            <ul>
                <li><a href="#">主页介绍</a></li>
                <li><a href="#">热门景点</a></li>
                <li><a href="#">自然风光</a></li>
                <li><a href="#">人文风光</a></li>
                <li><a href="#">住宿美食</a></li>
                <li><a href="#">分类搜索</a></li>
                <li><a href="#">联系我们</a></li>
            </ul>
        </div>
        <div id="content">
            <div id="left"><p>中国·哈尔滨冰雪大世界</p></div>
            <div id="right-1">
                <ul>公告
                    <li><a href="#">冰雪大世界开园
时间</a></li>
                    <li><a href="#">AAAAA级景点名
录</a></li>
                    <li><a href="#">黑龙江省级爱国
主义教育基地</a></li>
                    <li><a href="#">大兴安岭旅游攻
略</a></li>
                    <li><a href="#">更多...</a></li>
                </ul>
            </div>
            <div id="right-2">
                <ul>美食推荐
                    <li><a href="#">大列巴</a></li>
                    <li><a href="#">哈尔滨红肠</a></li>
                    <li><a href="#">鸡西冷面</a></li>
                    <li><a href="#">烤冷面</a></li>
                    <li><a href="#">更多...</a></li>
                </ul>
            </div>
```

```
            </div>
        </div>
    </body>
```

（2）CSS 文件参考代码：

```
<style>
        *{
            margin: 0;
          padding: 0;
            border: 0;
        }
        #container{
            width: 1000px;
            height: 800px;
            margin: 0 auto;
        }
        #banner{
            background-color: #91bcc8;
        }
        #banner ul li{
            list-style: none;
            display: inline-block;
            width: 100px;
            height: 50px;
            line-height: 50px;
            text-align: center;
        }
        #banner ul li a{
            color: #00557f;
            text-decoration: none;
            font-size: 16px;
        }
        #banner ul li a:hover{
```

```
        color: #fff;
    }
    #content{
        width: 1000px;
        height: 100%;
        margin: 0 auto;
    }
    #left{
        width: 760px;
        height: 480px;
        overflow: hidden;
        float: left;
        background-image: url("img/ice.jpg");
    }
    #right-1{
        width: 234px;
        height: 240px;
        overflow: hidden;
        float: left;
        background-color: aliceblue;
        margin-top: 15px;
        margin-left: 4px;
    }
    #right-2{
        width: 234px;
        height: 238px;
        overflow: hidden;
        float: left;
        background-color: aliceblue;
        margin-top: 2px;
        margin-left: 4px;
    }
    #right-1 ul li,#right-2 ul li{
```

```
                color: #00557f;
                list-style-type: circle;
                font-size: 16px;
                border-bottom: #fff solid 2px;
                line-height: 30px;
                height: 30px;
                margin-left: 30px;
                font-size: 12px;
            }
            #right-1 ul li a,#right-2 ul li a{
                    color: #00557f;
                    text-decoration: none;
                    font-size: 12px;
                    line-height: 30px;
            }
            #right-1 ul li a:hover,#right-2 ul li a:hover{
                    color: #5555ff;
            }
        </style>
```

（3）任务实现效果：任务实现效果图如图 7-2-1 所示。

图 7-2-1 “龙江旅游”页面实现效果图

课外拓展

相关知识点 1　行内元素与块元素的相互转换

HTML 文件元素通常可以分为行内元素、块元素和行内块元素，它们所构成的盒子经过多种位置的排列形成了不同布局风格的网页，如图 7-2-2 所示。

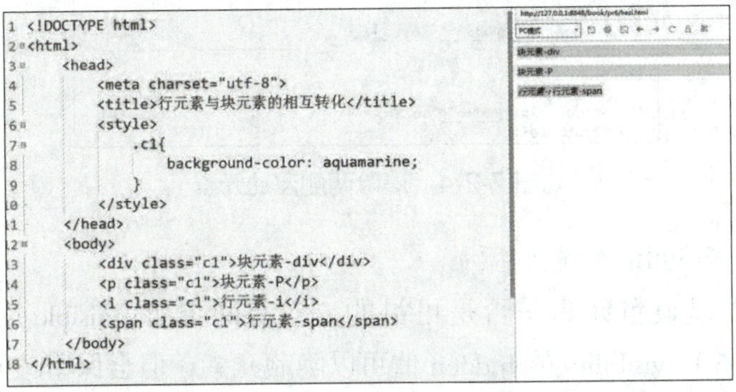

图 7-2-2　行内元素与块元素显示效果

行内元素不会独占一行，它的内容决定了其宽度和高度，它是不支持盒子模型的。一般不能设置它的高、宽、对齐等属性，如 <i>、<span>、<a> 等。

块元素支持盒子模型，常用于页面布局。块元素通常会自己占一行或几行，可以设置高、宽、对齐属性，如 <p>、<div>、<li> 等。

如果想要行内元素具备块元素的特性或块元素具备行内元素的特性，可以使用 display 属性进行转化。其实现效果如图 7-2-3 所示，具体语法如下：

```
选择器 {display: inline|block|inline-block}
```

说明： inline 将元素显示为行内元素，为行内元素的默认值；block 将元素显示为块元素，为块元素的默认值；inline-block 将元素显示为行内块元素，元素不会单独占一行，但可以设置宽、高等属性。

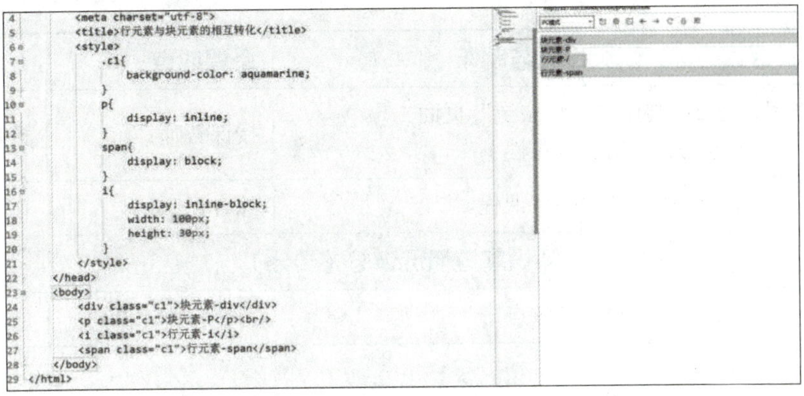

图 7-2-3　行内元素与块元素转化后显示效果

相关知识点 2　clear 属性

clear 属性可以清除元素某一侧的浮动元素。例如，可以使 DIV2 两侧都不出现浮动元素，如图 7-2-4 所示。

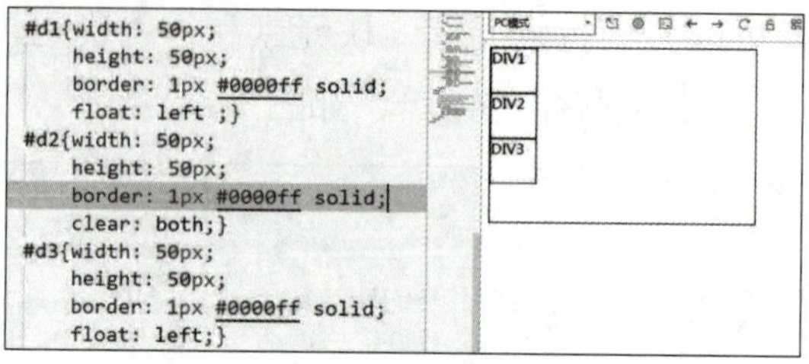

图 7-2-4　清除两侧浮动元素

相关知识点 3　visibility 属性

visibility 属性可以设置元素是否是可见的，它有两个值：visible（可见的）和 hidden（隐藏的，见图 7-2-5）。visibility 的 hidden 值可以隐藏元素，但会保留该元素所占用的空间。如果想隐藏元素并解除所用空间，可以使用 display：none，如图 7-2-6 所示。

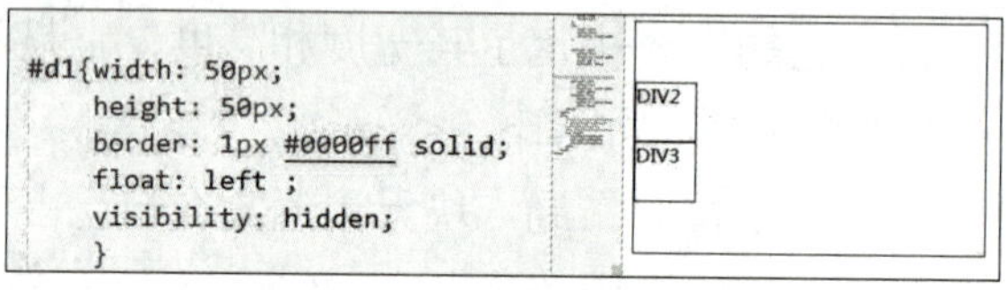

图 7-2-5　visibility：hidden

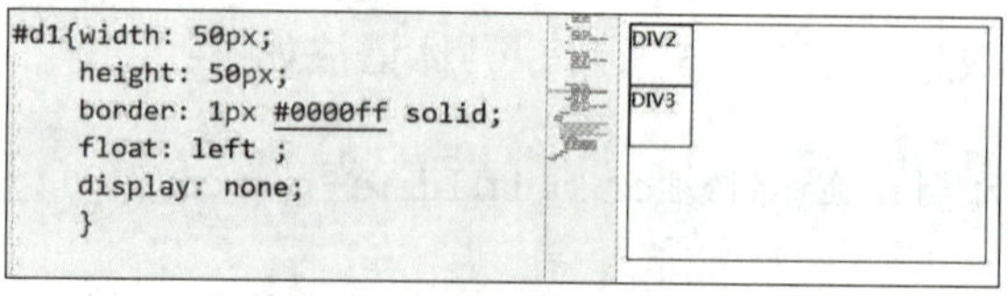

图 7-2-6　display：none

任务评价

<table>
<tr><td colspan="2">课程名称：网页设计与制作</td><td colspan="3">授课地点：</td></tr>
<tr><td colspan="2">学习任务 2：制作“龙江旅游”页面
（浮动、溢出、可见性）</td><td>授课教师：</td><td colspan="2">授课学时：</td></tr>
<tr><td colspan="2">课程性质：理实一体课程</td><td colspan="3">综合评分：</td></tr>
<tr><td colspan="5">知识掌握情况评分（10分）</td></tr>
<tr><td>序号</td><td>知识考核点</td><td>教师评价</td><td>分数</td><td>得分</td></tr>
<tr><td>1</td><td>float 的使用</td><td></td><td>6</td><td></td></tr>
<tr><td>2</td><td>溢出、可见性的使用</td><td></td><td>4</td><td></td></tr>
</table>

续表

工作任务完成情况评分（60分）				
序号	能力操作考核点	教师评价	分数	得分
1	项目完成质量		30	
2	程序排错能力		10	
3	与组员的团队配合精神、协调能力		10	
4	精神面貌、专业自信、工匠精神、职业素养		10	
课堂表现情况评分（20分）				
序号	课堂表现考核点	教师评价	分数	得分
1	课堂考勤		10	
2	课堂过程表现		10	
任务总结反思（10分）				

学习任务3 制作“个人主页”页面（定位、层叠次序）

任务要求

（1）熟练掌握定位属性的设置方法。

（2）利用盒定位制作完成“个人主页”页面。

（3）在设置页面风格时要具有个人特色，颜色要搭配合理。

（4）在完成参考案例的基础上添加自己的创意及想法。

任务分析

（1）网页整体使用“HTML5+DIV+CSS3”的形式进行设计布局。

（2）页面分为“导航栏”“左侧边栏”和“主体显示”部分，“导航栏”和“左侧边栏”

采用 <li> 标签进行设计。

（3）设置超链接时，尽量不使用默认的显示效果，可适量增加一些交互效果使页面更丰富生动。

学生可按个人喜好增加网页模块与内容，大胆创新，使之成为具有个人特色的网站。

学习准备

相关知识点 1　相对定位 position：relative

相对定位是当前元素相对于自己原来所在文档流中的左上位置进行定位，可以使用偏移属性改变所在位置，但是需要注意的是，改变后的位置依然占有原来的位置，而且周围有其他元素时可能会覆盖其他元素，如图 7-3-1 所示。

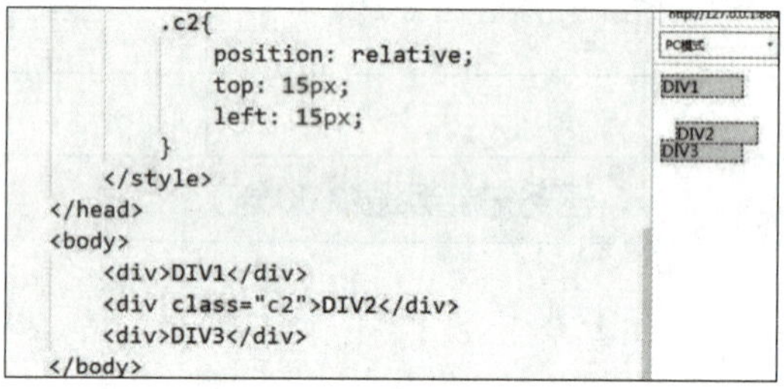

图 7-3-1　相对定位

相关知识点 2　固定定位 position：fixed

固定定位也是脱离原来文档流的定位，是相对于浏览器的定位方式，不论浏览器和窗口如何变化，元素位置都会固定显示在某一处，具体效果参考任务实施代码。

相关知识点 3　z-index 层叠次序

当元素设置了定位后很可能会出现多个元素重叠在一起的情况。这些元素会形成很多“层”。可以把计算机屏幕看作 *X-Y* 轴的平面，而层则是垂直于计算机平面的 *Z* 轴。靠近的层会被人们看见，远离的层则会被前面的层挡住而不能被人们看见。常用 z-index 属性来控制这些层的先后顺序，其值可为正数也可为负数。正数层离我们近，负数层离我们远，如图 7-3-2 所示。

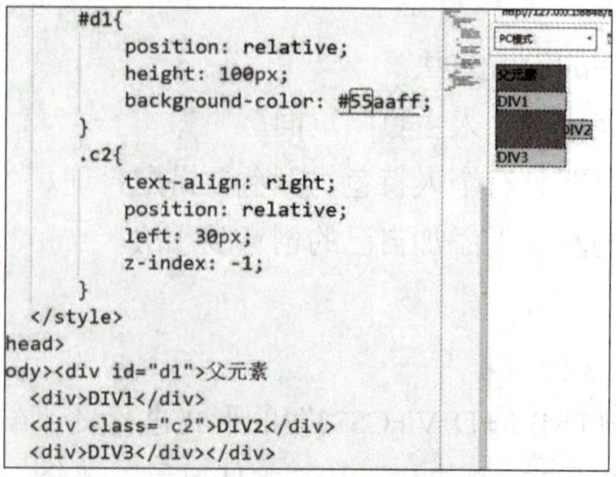

图 7-3-2　z-index

任务实施

视频
制作“个人主页”页面讲解

（1）HTML 文件参考代码：

```
<body>
        <div id="container">
            <div id="banner">
                <ul>
                    <li class="c1"><a href="#"><img src="img/touxiang.jpg"/></a></li>
                    <li><a href="#"> 我的主页 </a></li>
                    <li><a href="#"> 我的相册 </a></li>
                    <li><a href="#"> 我的音乐 </a></li>
                    <li><a href="#"> 我的 VLOG</a></li>
                    <li><a href="#"> 喜欢推荐 </a></li>
                    <li><a href="#"> 好友动态 </a></li>
                </ul>
            </div>
            <div id="content">
                <div id="left">
                    <ul>
                        <li><a href="#"> 我的最爱 </a></li>
                        <li><a href="#"> 我的收藏 </a></li>
                        <li><a href="#"> 默认播放 </a></li>
                    </ul>
                </div>
                <div id="right">
                    <h1> 亲爱的旅人啊 </h1>
                    <hr/>
                    <p> 就此告别吧 <br/>
                      水上的列车就快到站 <br/>
                      开往未来的路上 <br/>
                      没有人会再回返 <br/>
                      说声再见吧 <br/>
                      就算留恋也不要回头看 <br/>
                      在那大海的彼端 <br/>
```

```
一定有空濛的彼岸 <br/>
做最温柔的梦 <br/>
盛满世间行色匆匆 <br/>
在渺茫的时空 <br/>
在千百万人之中  听一听心声 <br/>
一路不断失去  一生将不断见证 <br/>
看过再多风景眼眸如初清澄 <br/>
爱依旧让你动容 <br/>
亲爱的旅人 <br/>
没有一条路无风无浪 <br/>
会有孤独  会有悲伤 <br/>
也会有无尽的希望 <br/>
亲爱的旅人 <br/>
这一程会短暂却又漫长 <br/>
而一切终将  汇聚成最充盈的景象 <br/>
就此告别吧 <br/>
身后的灯火逐渐暗淡 <br/>
每个恋家的孩子 <br/>
都要扬起远行的帆 <br/>
说声再见吧 <br/>
美好的梦境不会消散 <br/>
你的爱枕在臂弯 <br/>
心脏将毕生柔软 <br/>
既然相遇是种来自于时光的馈赠 <br/>
那么离别时 <br/>
也一定要微笑着  回忆放心中 <br/>
生命无限渺小  却同样无限恢弘 <br/>
你为寻找或是告别耗尽一生 <br/>
也足够让人心动 <br/>
亲爱的旅人 <br/>
你仍是记忆中的模样 <br/>
穿过人群  走过人间 <br/>
再去往更远的远方 <br/>
你灵魂深处 <br/>
总要有这样一个地方 <br/>
```

```
                永远在海面漂荡<br/>
                在半空中飞扬<br/>
                永远轻盈永远滚烫<br/>
                不愿下沉不肯下降</p>
            </div>
        </div>
        <div id="txt"><a href="#">在线客服</a></div>
        <div id="txt1"><a href="#">我的商城</a></div>
        <div id="txt2"><a href="#">意见建议</a></div>
    </div>
</body>
```

（2）CSS 文件参考代码：

```
<style>
        body{
            background-color: #6bc3b3;
        }
        *{
            margin: 0;
          padding: 0;
            border: 0;
        }
        #container{
            width: 1000px;
            height: 1000px;
            margin: 0 auto;
            background-image: url("img/bg1010.png");
            position: relative;
        }
        #banner{
            background-color: #ffaa7f;
        }
        #banner ul li{
            list-style: none;
            display: inline-block;
```

```
        width: 100px;
        height: 60px;
        line-height: 80px;
        text-align: center;
        }
    #banner ul li a{
        color: #fff;
        text-decoration: none;
        font-size: 16px;
        font-weight: bold;
        }
    #banner ul li a:hover{
        color: #45908b;
        }
    #banner ul li.c1 img{
        width: 60px;
        height: 60px;
        border-radius: 50%;
        position: relative;
        top: 15px;
        left: 15px;
    }
    #left{
        width: 180px;
        height: 100%;
        border: 1px solid #fff;
        position: relative;
        float: left;
        text-align: center;
    }
    #left ul li{
        list-style-type: none;
        border-bottom: #fff 1px solid;
        height: 30px;
        line-height: 30px;
    }
    #left ul li a{
        text-decoration: none;
```

```
        color: #fff;
    }
    #left ul li a:hover{
        border-bottom: #fff 1px solid;
        color: #ffaa7f;
    }
    #right{
        width: 814px;
        height: 765px;
        border: 1px solid #fff;
        position: relative;
        left: 2px;
        float: left;
        background-color: antiquewhite;
        overflow: auto;
        font-size: 20px;
    }
    #right h1{
        text-align: center;
        color: #285451;
    }
    #right p{
        text-align: center;
        color: #285451;
    }
    #txt,#txt1,#txt2{
        width: 100px;
        height: 100px;
        border-radius: 50%;
        border: #fff 2px dotted;
        background-color: #ffaa7f;
        line-height: 100px;
        text-align: center;
        color: #fff;
        font-weight: bolder;
        position: fixed;
```

```
            z-index: 3;
            right: 300px;
            bottom: 30px;
        }
        #txt1{
            right: 300px;
            bottom: 140px;
        }
        #txt2{
            right: 300px;
            bottom: 250px;
        }
        #txt a,#txt1 a,#txt2 a{
            text-decoration: none;
            color: #fff;
        }
        #txt a:hover,#txt1 a:hover,#txt2 a:hover{
            text-decoration: none;
            color: #55aaff;
        }
</style>
```

（3）任务实现效果：任务实现效果图如图 7-3-3 所示。

图 7-3-3 “个人主页”页面实现效果图

课外拓展

相关知识点 1　静态定位 position：static

静态定位是网页中元素默认的定位方式，也是元素在普通文档流中的默认位置，即标记书写的先后顺序，如图 7-3-4 所示。在静态定位中是无法通过偏移属性来改变元素位置的。

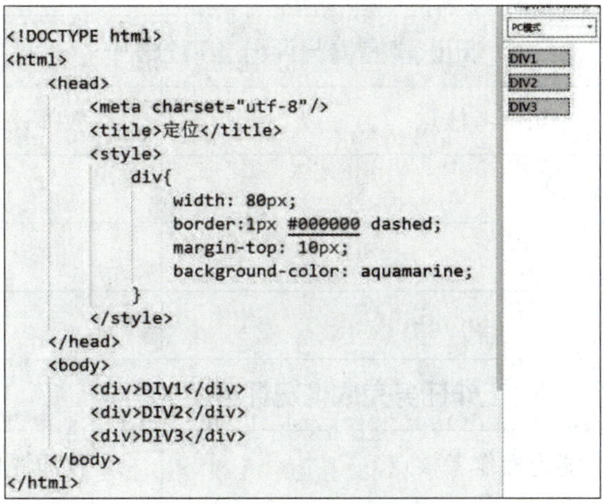

```
<!DOCTYPE html>
<html>
    <head>
        <meta charset="utf-8"/>
        <title>定位</title>
        <style>
            div{
                width: 80px;
                border:1px #000000 dashed;
                margin-top: 10px;
                background-color: aquamarine;
            }
        </style>
    </head>
    <body>
        <div>DIV1</div>
        <div>DIV2</div>
        <div>DIV3</div>
    </body>
</html>
```


图 7-3-4　静态定位

相关知识点 2　绝对定位 position：absolute

在使用绝对定位时，元素脱离原来的文档流进行定位，不会占据原来位置空间，而是相对于最近的已经定位的父元素或更高级别的元素左上位置进行定位。若父元素或更高级别的元素没有设置定位，元素则相对于 body 定位，如图 7-3-5 所示。

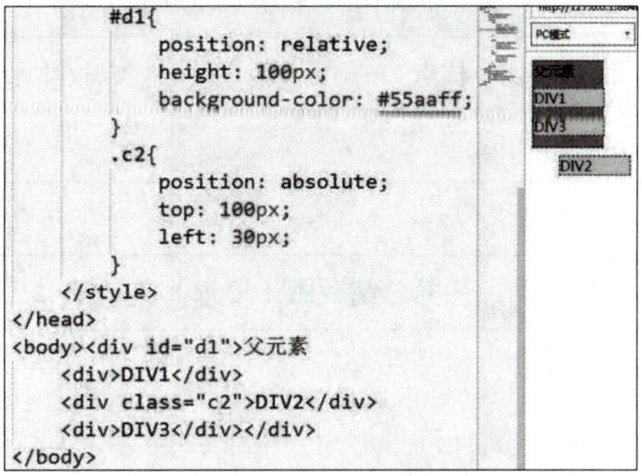

```
        #d1{
            position: relative;
            height: 100px;
            background-color: #55aaff;
        }
        .c2{
            position: absolute;
            top: 100px;
            left: 30px;
        }
    </style>
</head>
<body><div id="d1">父元素
    <div>DIV1</div>
    <div class="c2">DIV2</div>
    <div>DIV3</div></div>
</body>
```


图 7-3-5　绝对定位

任务评价

课程名称：网页设计与制作		授课地点：		
学习任务3：制作"个人主页"页面（定位、层叠次序）		授课教师：	授课学时：	
课程性质：理实一体课程		综合评分：		
知识掌握情况评分（10分）				
序号	知识考核点	教师评价	分数	得分
1	相对定位		4	
2	绝对定位		4	
3	层叠次序		2	
工作任务完成情况评分（60分）				
序号	能力操作考核点	教师评价	分数	得分
1	项目完成质量		30	
2	程序排错能力		10	
3	与组员的团队配合精神、协调能力		10	
4	精神面貌、专业自信、工匠精神、职业素养		10	
课堂表现情况评分（20分）				
序号	课堂表现考核点	教师评价	分数	得分
1	课堂考勤		10	
2	课堂过程表现		10	
任务总结反思（10分）				

课后习题

1. 在 CSS 中人们广泛地使用__________和__________两种盒子。

2. CSS 中一个块级盒子有 content、padding、margin 和__________四个部分。

3. 元素的浮动指设置了浮动属性的元素会脱离标准普通流的控制移动到__________指定的位置去。

4. 盒子定位分为以下四种：________(默认值)、________、________和________。

5. CSS 中的 float 属性默认为__________。将 float 属性的值设置为 left 或 right，元素就会向其父元素的__________或__________靠近。同时默认情况下，盒子的宽度不再伸展，而是根据盒子中内容的宽度来决定。

项目 8 CSS3特效属性

CSS3在CSS1和CSS2版本基础上新增了一些非常好用的属性，如过渡、缩放、旋转、位移、变形、动画等。以前必须使用JavaScript脚本语言才能实现的效果，现在利用CSS特效属性就可以轻松实现，从而大大提高了网页设计的效率，降低了网页设计难度。本项目知识结构如下：

- CSS3特效属性
  - 制作手风琴动画页面（过渡属性）
    - 过渡属性
    - 速度曲线
  - 制作照片墙旋转缩放特效页面（变形属性）
    - 变形属性
    - transform 属性
    - transform-origin 属性
    - CSS 的坐标系统
  - 制作“网站加载等待”页面（动画属性）
    - animation 属性
    - @keyframes 动画帧
    - 逐帧动画

项目目标

知识目标

- 掌握 transition 四种属性的用法。
- 掌握速度曲线的参数。
- 掌握利用 transform 属性实现旋转的方法。
- 掌握利用 transform 属性实现平移的方法。
- 掌握利用 transform 属性实现缩放的方法。
- 掌握利用 transform 属性实现倾斜的方法。
- 掌握 animation 属性用法。
- 掌握动画帧设置方法。

能力目标

- 具备编写过渡效果 CSS 代码的能力。
- 具备编写变形效果 CSS 代码的能力。
- 具备编写动画效果 CSS 代码的能力。

素质目标

- 使学生在实际项目活动中深入体验创新思维的实践和应用。
- 使学生注重个人品德修养和社会公德心培养，具有良好的道德情操和行为规范。
- 培养学生的社交能力和合作共处意识，注重人际关系，具有自我管理、人际交往、情感管理等方面的能力。
- 培养学生精益求精和认真严谨的工作态度。
- 激发学生的创新意识，培养学生的创新能力。

学习任务 1 制作手风琴动画页面（过渡属性）

任务要求

制作手风琴动画页面，了解 transition 属性的应用方法。

任务分析

（1）网页内容编写：先设置一个 DIV 标签容器，在其中插入无序列表，每个列表项中插入一张图片和一个 <div> 子标签，在 <div> 子标签中插入文本。

（2）对容器设置宽度、对齐等样式。

（3）对列表项设置浮动，并设置必要的定位效果。

（4）对 <ul> 标签和 <li> 标签设置 hover 伪类特效，定义图片宽度。

（5）在容器上应用 transition 属性。

学习准备

相关知识点　过渡属性

当元素由一种状态转变到另外一种状态时，如果没有过渡时间，瞬间完成切换，就会显得十分突兀，缺乏美感。在 CSS3 中，可以通过使用 transition 属性来定义元素的过渡属性，从而实现动画效果。transition 属性呈现的是一种过渡过程，如渐显、渐隐、运动速度等。

transition 属性是一个复合属性，其语法形式如下：

```
transition:transition-property transition-duration
transition-timing-function transition-delay;
```

另外，也可以分别设置 transition 的各个子属性，其子属性的作用如表 8-1-1 所示。

表 8-1-1　transition 各子属性的作用

子属性名称	含　义
transition-property	规定设置过渡效果的 CSS 属性名称，如 width、height、background 等，如果使用“all”，则表示所有的 CSS 属性均添加过渡效果
transition-duration	规定完成过渡效果需要的时间，单位是秒（s）或毫秒（ms）
transition-timing-function	指定过渡的速度函数，设置速度曲线
transition-delay	指定开始过渡效果之前等待的时间，单位是秒（s）或毫秒（ms）

例如：

```
<!DOCTYPE html>
<html lang="Zh-cn">
    <head>
        <meta charset="utf-8"/>
        <title>Document</title>
```

```
        <style type="text/css">
            .box{
                width: 200px;
                height: 200px;
                border: 1px solid #000;
                background-color: red;
                transition-property: width,height;
                transition-duration: 1s;
                transition-timing-function: ease;
                transition-delay: 0.5s;
            }
            .box:hover{
                width: 600px;
                height: 400px;
            }
        </style>
    </head>
    <body>
        <div class="box"></div>
    </body>
</html>
```

上例对 transition 属性按子属性分别进行了设置，过渡属性设置为宽度和高度，过渡时间设置为 1 s，速度曲线设置为 ease，等待时间设置为 0.5 s。

视频
制作手风琴页面
讲解 1

任务实施

（1）HTML 文件参考代码：

```
<!DOCTYPE html>
<html lang="Zh-cn">
  <head>
    <meta charset="utf-8"/>
    <title>手风琴动画</title>
    <style type="text/css">
        .main * {
```

视频
制作手风琴页面
讲解 2

```
        margin: 0;
        padding: 0;
        list-style: none;
        text-decoration: none;
    }
    .main {
        width: 800px;
        height: 320px;
        box-shadow: 0 0 10px 2px rgba(0, 0, 0, 0.4);
        margin: 20px auto;
        overflow: hidden;
    }
    .main ul li {
        float: left;
        width: 160px;
        box-shadow: 0 0 25px 10px rgba(0, 0, 0, 0.4);
        transition: all 0.5s;
        position: relative;
    }
    .main ul li div{
        width: 640px;
        height: 60px;
        line-height: 60px;
        padding-left: 10px;
        background-color: rgba(0, 0, 0, 0.4);
        position: absolute;
        bottom: 0;
        left: 0;
    }
    .main ul li div a{
        color: #fff;
    }
    .main ul:hover li {
        width: calc(160px/4);
    }
```

```
        .main ul li:hover {
            width: 640px;
        }
    </style>
</head>
<body>
    <div class="main">
        <ul>
            <li>
                <a href="#"><img src="img/1.jpg" alt=" "></a>
                <div class="title"><a href="#">末日时光，人类将移
民？</a></div>
            </li>
            <li>
                <a href="#"><img src="img/2.jpg" alt=" "></a>
                <div class="title"><a href="#">岁月流逝，与梦同
                在</a></div>
            </li>
            <li>
                <a href="#"><img src="img/3.jpg" alt=" "></a>
                <div class="title"><a href="#">一湖泊，一座桥</a></div>
            </li>
            <li>
                <a href="#"><img src="img/4.jpg" alt=" "></a>
                <div class="title"><a href="#">丘比特之箭</a>
                </div>
            </li>
            <li>
                <a href="#"><img src="img/5.jpg" alt=" "></a>
                <div class="title"><a href="#">最美的晚霞</a></div>
            </li>
        </ul>
    </div>
</body>
</html>
```

（2）任务实现效果：任务实现效果图如图 8-1-1 所示。

图 8-1-1　手风琴动画特效页面

课外拓展

相关知识点　速度曲线

transition-timing-function 是过渡的速度曲线，其标准的取值情况如表 8-1-2 所示。除了表中的取值，贝塞尔函数还可以自定义其他参数值，会得到特殊的动画效果。

表 8-1-2　速度曲线取值与动画效果对应表

预设值	等效贝塞尔函数参数	效果
ease	cubic-bezier(0.25,0.1,0.25,1)	渐快，匀速，减慢
ease-in	cubic-bezier(0.42,0,1,1)	渐快，匀速
ease-out	cubic-bezier(0,0,0.58,1)	匀速，减慢
ease-in-out	cubic-bezier(0.42,0,0.58,1)	类似 ease，但加速度大
linear	cubic-bezier(0,0,1,1)	全程匀速

任务评价

课程名称：网页设计与制作			授课地点：		
学习任务 1：制作手风琴动画页面（过渡属性）			授课教师：	授课学时：	
课程性质：理实一体课程			综合评分：		
知识掌握情况评分（10分）					
序号	知识考核点		教师评价	分数	得分
1	掌握 transition 四种属性的用法			5	
2	掌握速度曲线的参数			5	
工作任务完成情况评分（60分）					
序号	能力操作考核点		教师评价	分数	得分
1	项目完成质量			30	
2	程序排错能力			10	
3	与组员的团队配合精神、协调能力			10	
4	精神面貌、专业自信、工匠精神、职业素养			10	
课堂表现情况评分（20分）					
序号	课堂表现考核点		教师评价	分数	得分
1	课堂考勤			10	
2	课堂过程表现			10	
任务总结反思（10分）					

学习任务 2

制作照片墙旋转缩放特效页面（变形属性）

任务要求

编写一个照片墙旋转缩放特效页面，了解 transform 属性的应用方法。

任务分析

（1）网页内容编写：先设置一个 DIV 标签容器，在其中放置 6 张图片。

（2）对图片设置样式，定义位置、边框、阴影等效果，并设置过渡效果。

（3）对每张图片设置初始的旋转特效属性。

学习准备

相关知识点 1　变形属性

CSS3 提供旋转、缩放、倾斜、平移等变形方式，可以对网页元素进行几何变换，也可以使用变换矩阵进行综合性的变形处理。表 8-2-1 对常见的变形属性进行了解释说明。

表 8-2-1　常见的变形属性及其说明

属　性	说　明
transform	应用于元素的 2D 或 3D 变换，将元素旋转、缩放、移动、倾斜等
transform-origin	检索或设置对象中的变换所参照的原点
transform-style	指定嵌套元素在三维空间中呈现的方式
perspective	定义 3D 元素距视图的距离，以像素计
perspective-origin	定义 3D 元素所基于的 *X* 轴和 *Y* 轴
backface-visibility	指定元素背面面向用户时是否可见

相关知识点 2　transform 属性

transform 属性可以向元素应用 2D 或 3D 变换，对元素进行位移、旋转、缩放、倾斜等类型的变换处理。变换既不会影响页面中的其他元素，也不会影响页面布局。例如，通过缩放来放大某个元素，那么该元素会简单地覆盖相邻元素。其语法格式如下：

```
transform: none | transform-function;
```

其中，none 表示不进行转换，transform-function 表示一个或多个变换函数，以空格分开。

1. 位移

在 CSS3 中，可以使用 translate( ) 方法将元素沿着 x 轴（水平方向）和 y 轴（垂直方向）移动。translate( ) 方法可以分为表 8-2-2 所示的 3 种情况。

表 8-2-2　translate() 方法及其含义

translate( ) 方法	含　义
translateX(x)	元素仅在水平方向移动（x 轴移动）
translateY(y)	元素仅在垂直方向移动（y 轴移动）
translate(x,y)	元素在水平方向和垂直方向同时移动（沿 x 轴和 y 轴同时移动）

例如，下面的 translate(x,y) 语句表示沿 x 轴正方向（水平向右）移动 300 px，沿 y 轴正方向（垂直向下）移动 100 px。

```
transform: translate(300px,100px);
```

其中，第一个参数 300 px 表示元素在水平方向的移动距离，单位为 px、em 或百分比等。当该参数为正值时，表示元素在水平方向向右移动；当该参数为负值时，表示元素在水平方向向左移动。第二个参数 100 px 表示元素在垂直方向的移动距离，单位也为 px、em 或百分比等。当该参数为正值时，表示元素在垂直方向向下移动；当该参数为负值时，表示元素在垂直方向向上移动。如果省略此参数，则默认取值为 0，即垂直方向无位移。

2. 缩放

在 CSS3 中，可以使用 scale( ) 方法对元素进行放大或缩小。scale( ) 方法可以分为表 8-2-3 所示的 3 种情况。

表 8-2-3　scale( ) 方法及其含义

scale( ) 方法	含　义
scaleX(x)	元素沿水平方向缩放（沿 x 轴缩放）
scaleY(y)	元素沿垂直方向缩放（沿 y 轴缩放）
scale(x,y)	元素沿水平和垂直两个方向同时缩放（沿 x 轴和 y 轴同时缩放）

例如，下面的 scale(x,y) 语句表示元素沿 x 轴放大 1.5 倍，沿 y 轴放大 2 倍。

```
transform: scale(1.5,2);
```

scale( ) 方法中的参数大于 1 就代表放大，小于 1 就代表缩小。第二个参数是可选参数，如果没有设置，则表示沿 x 轴和 y 轴两个方向的缩放倍数是相同的，即同时放大或缩小相同倍数。

3. 旋转

在 CSS3 中，可以使用 rotate( ) 方法对元素进行旋转操作。例如，下面的 rotate( ) 语句表示元素沿顺时针方向旋转 90°。

```
transform: rotate(90deg);
```

rotate( ) 方法有唯一的参数，表示要旋转的角度。该参数若为正值，则进行顺时针旋转；若为负值，则进行逆时针旋转。

4. 倾斜

skew( ) 方法可以将元素沿水平和垂直方向进行倾斜处理。skew( ) 方法和 translate( ) 方法以及 scale( ) 方法一样，也有 3 种情况，如表 8-2-4 所示。

表 8-2-4 skew( ) 方法及其含义

skew( )方法	含 义
skewX(x)	元素沿水平方向倾斜（沿 x 轴倾斜）
skewY(y)	元素沿垂直方向倾斜（沿 y 轴倾斜）
skew(x，y)	元素沿水平和垂直两个方向同时倾斜（沿 x 轴和 y 轴同时倾斜）

例如，下面的 skew(x，y) 语句表示元素沿 x 轴顺时针倾斜 30°，沿 y 轴顺时针倾斜 45°。

```
transform: skew(30deg,45deg);
```

其中，第一个参数表示元素在 x 轴倾斜的度数，单位为 deg。如果该参数为正值，表示元素沿水平方向顺时针倾斜；如果该参数为负值，表示元素沿水平方向逆时针倾斜。第二个参数表示元素在 y 轴倾斜的度数，单位为 deg。如果该参数为正值，表示元素沿垂直方向顺时针倾斜；如果该参数为负值，表示元素沿垂直方向逆时针倾斜。如果第二个参数未提供，则默认取值为 0，也就是垂直方向上无倾斜。

5. 3D 变换

transform 属性还可以应用于元素的 3D 变换，如取值 translate3d(x，y，z)、translateZ(z)、scale3d(x，y，z)、scaleZ(z)、rotate3d(x，y，z，angle)、rotateZ(angle) 等。

注意，transform 属性的 3D 变换只有位移、缩放、旋转 3 种方式，倾斜没有 3D 变换。限于篇幅，本教材不做展开讲解，学生可参阅相关资料进行深入学习。

相关知识点 3 transform-origin 属性

如前面 transform 的坐标系统中所述，在默认情况下，元素的中心原点位于 x 轴和 y 轴的 50% 处。默认情况下，元素进行的位移、缩放、旋转、倾斜都是以元素的中心原点进行变换的。

如果想改变变形操作的中心原点位置，可以通过 transform-origin 属性来实现。例如，下面的语句表示将中心原点位置调整到 x 轴正方向 20%、y 轴正方向 40% 的地方，即相对于原来位置向左上角移动。

```
transform-origin: 20% 40%;
```

transform-origin 属性可以使用一个、两个或三个值来指定，其中每个值都表示一个偏移量。没有明确定义的偏移将重置为其对应的初始值。transform-origin 属性值的取值规则如表 8-2-5 所示。

表 8-2-5　transform-origin 属性值的取值规则

属性值个数	属性值的取值规则
一个值	必须是长度或百分比，或 left、center、right、top、bottom 关键字之一
两个值	其中一个必须是长度或百分比，或 left、center、right 关键字之一。另一个必须是长度或百分比，或 top、center、bottom 关键字之一
三个值	前两个值和只有两个值时的用法相同。第三个值必须是长度，它始终代表 z 轴偏移量

任务实施

视频

制作照片墙旋转缩放特效页面讲解

（1）HTML 文件参考代码：

```
<!DOCTYPE html>
<html lang="Zh-cn">
  <head>
    <meta charset="utf-8"/>
    <title>照片墙旋转缩放特效页面</title>
    <style type="text/css">
        body*{
            margin: 0;
            padding: 0;
        }
        #wrapper {
            width: 100%;
            height: 300px;
            background-color: rgba(0, 0, 0, 20%);
            margin: 200px auto;
```

```
        text-align: center;
    }
    img {
        margin-top: 80px;
        margin-left: -40px;
        margin-right: -40px;
        padding: 10px;
        background-color: #fff;
        border: 1px solid #808080;
        box-shadow:2px 2px 2px  #707070;
        border-radius: 10px;
        transition: 2s;
    }
    img:hover{
        transform: scale(2);
        position: relative;
        z-index: 1;
        cursor:pointer;
    }
    .pic1 {
        transform: rotateZ(-20deg);
    }
    .pic2 {
        transform: rotateZ(30deg);
    }
    .pic3 {
        transform: rotateZ(-35deg);
    }
    .pic4 {
        transform: rotateZ(20deg);
    }
    .pic5 {
        transform: rotateZ(60deg);
    }
    .pic6 {
```

```
            transform: rotateZ(-25deg);
        }
    </style>
  </head>
  <body>
    <div id="wrapper">
        <img src="img/01.jpg" class="pic1" width="200px">
        <img src="img/02.jpg" class="pic2" width="200px">
        <img src="img/03.jpg" class="pic3" width="200px">
        <img src="img/04.jpg" class="pic4" width="200px">
        <img src="img/05.jpg" class="pic5" width="200px">
        <img src="img/06.jpg" class="pic6" width="200px">
    </div>
  </body>
</html>
```

（2）任务实现效果：任务实现效果图如图 8-2-1 所示。

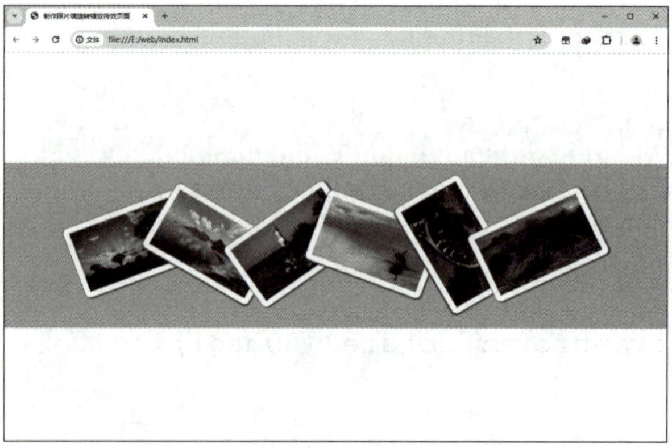

图 8-2-1 照片墙旋转缩放页面效果图

课外拓展

相关知识点 CSS 的坐标系统

网页布局遵循坐标系统的概念。浏览器在显示网页前，先进行布局计算，得到网页中所有元素对应的坐标位置和尺寸。如果有元素的坐标位置或尺寸发生改变，浏览器会重新对布局进行计算。

1. 元素的初始坐标系统

网页中的每一个元素都有一个初始坐标系统。其中，原点在元素的左上角，x 轴正方向指向右边，*y* 轴正方向指向下边，*z* 轴正方向指向用户。初始坐标系统的 *z* 轴并不是三维空间，仅仅是 z-index 的参照，决定网页中元素的层叠次序，层叠顺序靠后的元素将覆盖层叠顺序靠前的元素。

2. transform 的坐标系统

transform 属性值包含一系列变换函数，它的作用为修改元素自身的坐标空间，这个修改对应一个坐标系统。通过变换，元素可以实现在二维或三维空间内的位移、旋转、缩放。需要注意的是，虽然也是关于坐标系统，但变换改变的只是元素的视觉渲染，是在元素的布局计算完成后起作用，在布局层面并没有影响。

transform 属性所参照的并不是初始坐标系统，而是一个新的坐标系统。与初始坐标系相比，*x*、*y*、*z* 轴的指向都不变，只是原点位置移动到了元素的正中心。如果想改变这个坐标系的原点位置，可以使用 transform-origin 属性。transform-origin 的默认值是（50%，50%，0），因此，默认情况下，transform 坐标系统的原点位于元素的中心。

如果没有改变元素的原点位置，位移、旋转、缩放、倾斜等变形操作均以元素正中心位置为基准进行。如果使用 transform-origin 属性改变了元素的原点位置，则旋转、缩放、倾斜的变形操作以新的原点位置为基准进行，但位移变形操作始终以元素中心位置为基准进行。

3. transform 的顺序

当同时使用多个变换函数时，要注意变换函数的书写顺序。因为每一个变换函数不仅改变了元素，同时也会改变元素的 transform 坐标系统，当变换函数依次执行时，后一个变换函数总是基于前一个变换后的新的 transform 坐标系统进行。由于坐标系统会随着每一次变换发生改变，因此如果变换函数的顺序不同，元素最终的位置也会不同。

任务评价

课程名称：网页设计与制作		授课地点：		
学习任务 2：制作照片墙旋转缩放特效页面（变形属性）		授课教师：	授课学时：	
课程性质：理实一体课程		综合评分：		
知识掌握情况评分（10分）				
序号	知识考核点	教师评价	分数	得分
1	掌握利用 transform 属性实现旋转的方法		2.5	
2	掌握利用 transform 属性实现平移的方法		2.5	
3	掌握利用 transform 属性实现缩放的方法		2.5	
4	掌握利用 transform 属性实现倾斜的方法		2.5	

续表

工作任务完成情况评分（60分）				
序号	能力操作考核点	教师评价	分数	得分
1	项目完成质量		30	
2	程序排错能力		10	
3	与组员的团队配合精神、协调能力		10	
4	精神面貌、专业自信、工匠精神、职业素养		10	
课堂表现情况评分（20分）				
序号	课堂表现考核点	教师评价	分数	得分
1	课堂考勤		10	
2	课堂过程表现		10	
任务总结反思（10分）				

学习任务 3 制作“网站加载等待”页面（动画属性）

任务要求

编写一个“网站加载等待”页面，掌握动画属性的具体运用。

任务分析

（1）编写 HTML 内容代码，用一个 <div> 标签作为容器，两个 <div> 标签放置其中做为子标签。第一个 <div> 子标签定义成形状，用来设置动画，第二个 <div> 子标签用来放置文字。

（2）定义容器尺寸，并设置居中对齐。

（3）定义第一个 <div> 子标签的尺寸、颜色、位置，设置为旋转 45°，设置浮动，定义动画参数。

（4）定义文字的样式，设置子容器浮动。

（5）定义关键帧，设置动画 25% 时关键帧的缩放、旋转属性及背景色。

学习准备

相关知识点 1　animation 属性

在 CSS3 中，使用 animation 属性来实现动画效果。animation 属性和 transition 属性非常相似，都是通过改变元素的属性值来实现动画的。但两者也有明显的区别，transition 属性只能指定开始和结束两个位置的关键帧，然后通过补间动画的形式生成过渡的动画效果，animation 属性则可以定义多个关键帧，通过设置关键帧元素的属性值来实现较为复杂的动画效果。

animation 属性是一个复合简写形式，语法如下：

```
animation: animation-name animation-duration animation-timing-function animation-delay animation-iteration-count animation-direction animation-fill-mode
```

从上述语句中可以看出，animation 属性包含子属性 animation-name、animation-duration、animation-timing-function、animation-delay、animation-iteration-count、animation-direction 和 animation-fill-mode。

1. animation-name 属性

animation-name 属性用于定义动画名称。例如：

```
animation-name: myani;
```

这里 animation-name 的参数是 @keyframes 属性指定的名称，要与 @keyframes 指定的值保持一致。如果值为 none，则表示不应用任何动画效果，通常用于覆盖或取消动画。

2. animation-duration 属性

animation-duration 属性用于定义动画效果完成所需要的时间。例如：

```
animation-duration: 10s;
```

animation-duration 属性的参数是时间值，以秒（s）或毫秒（ms）为单位，默认值为 0（表示没有动画）。

3. animation-timing-function 属性

animation-timing-function 属性用于定义使用什么样的速度曲线。例如：

```
animation-timing-function: linear;
```

animation-timing-function 属性的参数含义与 transition-timing-function 属性完全相同，可以为 ease(默认值)、linear、ease-in、ease-out、ease-in-out 和 cubic-bezier 函数。

4. animation-delay 属性

animation-delay 属性用于定义在执行动画效果之前的等待时间。例如：

```
animation-delay: 2s;
```

animation-delay 属性的参数与 animation-duration 属性的参数具有相同的值，可以设置为秒（s）或毫秒（ms），默认值为 0，表示动画执行前不等待。

5.animation-iteration-count 属性

animation-iteration-count 属性用于定义动画重复播放的次数。例如：

```
animation-iteration-count: infinite;
```

animation-iteration-count 属性的参数是一个整数，默认值为 1（表示动画从开始到结束播放 1 次）。如果该参数为 infinite，则表示动画无限次地重复播放。

6. animation-direction 属性

animation-direction 属性用于定义动画播放的方向。例如：

```
animation-direction: alternate;
```

animation-direction 属性的参数可以有 4 种取值情况，如表 8-3-1 所示。

表 8-3-1　animation-direction 属性取值及其含义

animation-direction 属性取值	含　义
normal	默认值，表示动画从头开始执行到最后
reverse	表示反方向执行动画
alternate	表示正、反两个方向交替执行动画
alternate-reverse	表示动画先反方向播放，再正方向播放，并持续交替运行

7. animation-fill-mode 属性

animation-fill-mode 属性用于定义动画开始之前或播放之后进行的操作。例如：

```
animation-fill-mode: mode;
```

animation-fill-mode 属性的参数可以取 4 个值，如表 8-3-2 所示。

表 8-3-2 animation-fill-mode 属性取值及其含义

animation-fill-mode 属性取值	含 义
none	默认值，表示动画按定义的顺序执行，完成后返回到初始关键帧
forwards	表示动画在完成后继续使用最后关键帧的值
backwards	表示动画在完成后使用开始关键帧的值
both	同时应用 forwards 和 backwards 两个值的执行效果

相关知识点 2 @keyframes 动画帧

使用 animation 属性定义动画需要两个步骤：一是定义动画；二是执行动画。在使用动画之前，必须用 @keyframes 规则来定义动画。该规则的语法如下：

```
@keyframes animationname {
    keyframes-selector{
                css-styles;
    }
}
```

在上面的语法格式中，@keyframes 属性参数的具体含义如表 8-3-3 所示。

表 8-3-3 @keyframes 属性参数的含义

@keyframes属性参数	参数含义
animation-name	表示当前动画的名称，它作为引用时的唯一标志，不能为空
keyframes-selector	关键帧选择器，即指定当前关键帧要应用到整个动画过程中的位置，其值可以是百分比、from 或 to。其中，from 等效 0%，表示动画开始位置；to 等效 100%，表示动画结束位置
css-styles	定义执行到当前关键帧时对应的动画状态，通过 CSS 样式的属性来定义，多个属性之间用分号分隔，不能为空

例如：

```
<!DOCTYPE html>
<html lang="Zh-cn">
    <head>
```

```
        <meta charset="utf-8"/>
        <title>Demo</title>
        <style type="text/css">
            div{
                width: 100px;
                height: 100px;
                background-color: red;
                animation: myani 2s linear;
            }
            @keyframes myani {
                0% {opacity: 1;}        /* 动画开始时的状态，不透明 */
                50% {opacity: 0.5;}   /* 动画执行到 50% 的状态，半透明 */
                100% {opacity: 1;}      /* 动画结束时的状态，不透明 */
            }
        </style>
    </head>
    <body>
        <div></div>
    </body>
</html>
```

上述代码创建了一个名为 myani 的动画效果，该动画开始时不透明，执行到 50% 时半透明，动画结束时又转为不透明。

使用 @keyframes 规则定义的动画必须通过调用才能执行，类似于高级语言中的函数，即要先定义，再调用执行。

任务实施

视频
制作“网站加载等待”页面讲解

（1）编写网页代码：

```
<!DOCTYPE html>
<html lang="Zh-cn">
    <head>
        <meta charset="utf-8"/>
        <title>网站加载等待页面</title>
        <style type="text/css">
```

```
      #wrap {
        width: 500px;
        height: 100px;
        margin: 100px auto;
      }
      #square {
        animation: square 1s infinite;
        width: 50px;
        height: 50px;
        background-color: #f00;
        transform: rotate(45deg);
        float: left;
        margin-top: 20px;
        margin-left: 20px;
      }
      #waiting {
        width: 350px;
        font-size: 26px;
        font-weight: bold;
        float: left;
        margin-left: 30px;
      }
      @keyframes square {
        25% {
          transform: scale(0.5) rotate(45deg);
          background-color: #fff;
        }
      }
    </style>
  </head>
  <body>
    <div id="wrap">
      <div id="square"></div>
      <div id="waiting">
        <p>正在加载，请耐心等待 ... </p>
```

```
        </div>
      </div>
    </body>
</html>
```

（2）任务实现效果：任务实现效果图如图 8-3-1 所示。

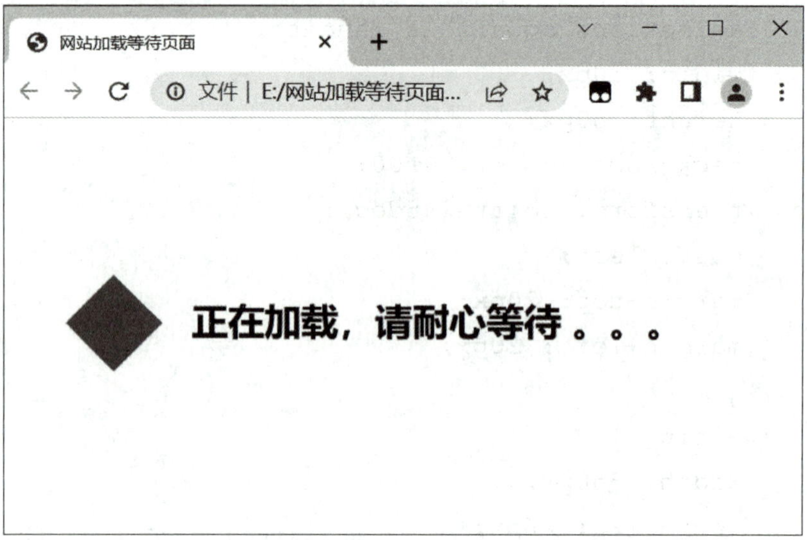

图 8-3-1 “网站加载等待”页面实现效果图

课外拓展

相关知识点　逐帧动画

animation-timing-function 是控制时间的属性，当它取值为 ease、linear、cubic-bezier 之类的过渡函数时，都会在关键帧之间插入补间动画，所以动画效果是连贯的，通常制作的都是这一类动画。但是当它取值为 steps( ) 函数时，则会生成逐帧动画。steps( ) 函数有两个参数：第一个参数接受一个整数值，表示两个关键帧之间分几步完成；第二个参数可选，接受 start 和 end 两个值，指定在每个间隔的起点或终点发生阶跃变化，默认为 end。

其基本用法如下：

```
animation-timing-function: steps(number[, end | start]);
```

step-start 等同于 steps(1,start)，动画分成 1 步，动画执行时以开始左侧端点的部分为开始；step-end 等同于 steps(1,end)，动画分成 1 步，动画执行时以结尾端点为开始，默认值为 end。

任务评价

课程名称：网页设计与制作		授课地点：		
学习任务 3：制作“网站加载等待”页面（动画属性）		授课教师：	授课学时：	
课程性质：理实一体课程		综合评分：		
知识掌握情况评分（10分）				
序号	知识考核点	教师评价	分数	得分
1	掌握 animation 属性的用法		5	
2	掌握动画帧的设置方法		5	
工作任务完成情况评分（60分）				
序号	能力操作考核点	教师评价	分数	得分
1	项目完成质量		30	
2	程序排错能力		10	
3	与组员的团队配合精神、协调能力		10	
4	精神面貌、专业自信、工匠精神、职业素养		10	
课堂表现情况评分（20分）				
序号	课堂表现考核点	教师评价	分数	得分
1	课堂考勤		10	
2	课堂过程表现		10	
任务总结反思（10分）				

课后习题

1. 3D transform 中有________、________和________三种方法。

2. transform 属性用于元素的 2D 或 3D 转换，这个属性允许将元素________、________、________和________等。

3. ______________为对象设置动画。

4. __________允许将一个页面涉及的所有零星图片都包含到一张大图中去，这样做的好处是，当访问该页面时，载入的图片就不会像以前那样一幅幅慢慢显示出来了。

项目9 网页布局

使用 DIV+CSS 布局网页是比较经典的页面布局方式，其主要是通过 <div> 标签对页面进行区块划分，然后对各个区块采用 CSS 定位，最后在相应的区块中编写对应的内容。

随着技术的不断迭代更新，除了使用经典“DIV+CSS”方式进行页面布局外，还可以使用网格布局和弹性盒子布局方法。本项目将学习和理解“DIV+CSS3”布局和弹性盒子布局两种网页布局的应用。本项目知识结构如下：

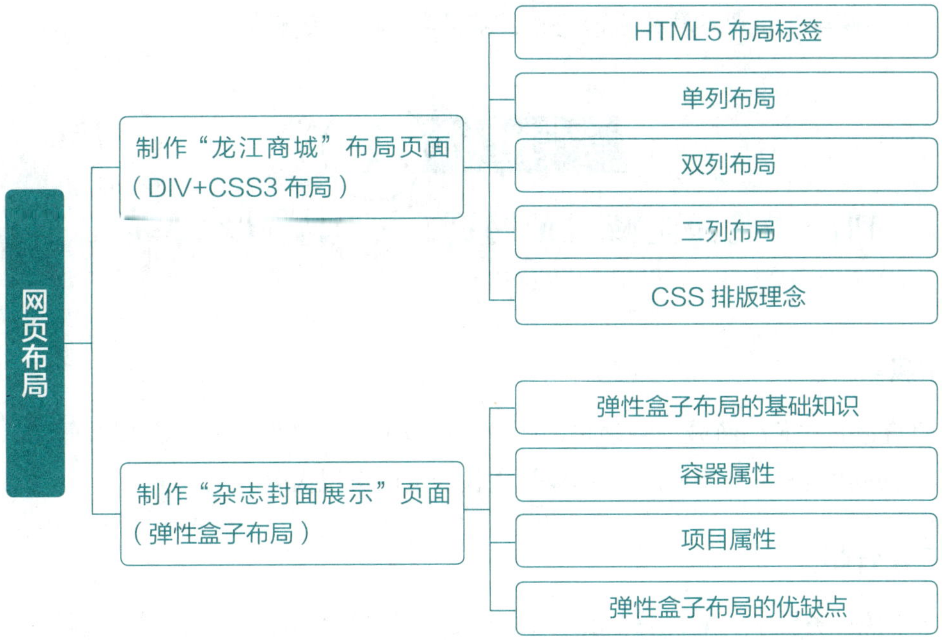

项目目标

知识目标

- 掌握“DIV+CSS3”布局的特点。
- 掌握单列布局、双列布局、三列布局的方法。
- 了解弹性盒子布局的相关特性。
- 掌握弹性盒子布局的基本用法。

能力目标

- 具备编写“DIV+CSS3”布局代码的能力。
- 具备认知弹性盒子布局代码的能力。

素质目标

- 培养学生观察事物本质以及明辨是非、善恶的能力，提高情感、智商和审美素养。
- 提高学生的素质，以满足新时期的需求。
- 培养学生在技术上遇到难题时集思广益、团结合作、一起解决问题的能力。
- 培养学生精益求精和认真严谨的工作态度。
- 培养学生的创新精神和实践能力。
- 锻炼学生协调各种关系的能力，增强学生的应变能力。

学习任务 1 制作“龙江商城”布局页面（DIV+CSS3 布局）

任务要求

按照给定的“龙江商城”网站页面图片（图 9-1-1），制作对应的布局页面，只编写必要的结构布局代码和 CSS 代码，不用编写完整的页面实现代码。

任务分析

（1）按照任务要求，编写 HTML 和 CSS 文件必要的结构性代码和样式代码。

（2）首先对图 9-1-1 中的内容进行区块划分，可知总体上属于三列布局形式。

（3）先从上至下按单列划分一级区块，再根据需要对一级区块进行详细划分。例如，

banner 部分需要进一步划分成三列。

（4）多列的处理方式选择浮动定位的方法，左侧部分和中间部分向左浮动，右侧部分向右浮动。

（5）注意顶部为通栏设计，其余部分利用 margin 左右自动对齐的方法进行居中处理。

（6）先在练习册上画出设计草图，设定好每部分使用的标签，再动手进行代码编写。

图 9-1-1 “龙江商城”页面图片

学习准备

相关知识点 1　HTML5 布局标签

在使用“DIV+CSS3”进行网页布局时，主要是利用多组 <div> 标签进行区块定位，进而区分网页中不同的内容部分。为了在设计时更加清晰明了，HTML5 引入了一些全新的结构标签，如 <header> 标签、<nav> 标签、<section> 标签、<footer> 标签等。图 9-1-2 和图 9-1-3 很好地说明了两种方式的使用区别。

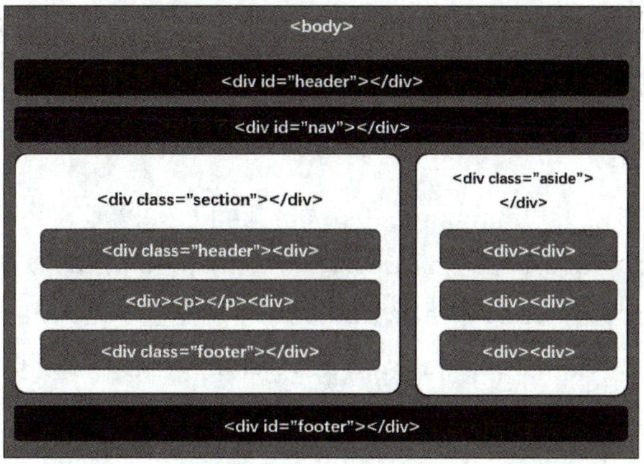

图 9-1-2　经典的 HTML 标签布局结构示意图

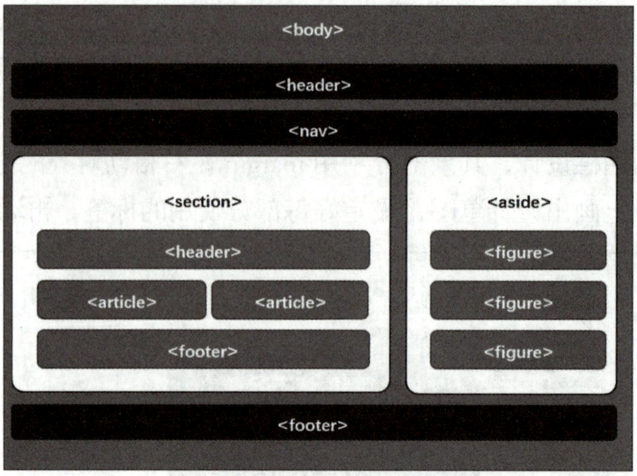

图 9-1-3　HTML5 标签布局结构示意图

1. <header> 标签

<header> 标签是 HTML5 中新增的语义化标签，用来定义文档的页眉，这个标签一般包含所有放在页面头部的内容。页面头部通常放置整个页面或页面中一个内容区块的标题，可以包含网站的 Logo 图片、搜索表单或其他一些相关内容。<header> 标签使用格式如下：

```
<header>
    <h1> 时政新闻小站 </h1>
    <p> 欢迎光临本网站！ </p>
</header>
```

<header>…</header> 的使用方法与 <div id="header">…</div> 类似。在网页中，并不限制 <header> 标签的使用个数，一个网页中可以使用多个 <header> 标签，也可以为每一个内容块添加 <header> 标签。

2. <nav> 标签

<nav> 标签用来定义导航链接的部分，是 HTML5 新增加的标签。这个标签将具有导航性质的链接放置在同一个区域内，使页面元素的语义表达更加鲜明。<nav> 标签的使用和普通的 <div> 标签类似，用法如下：

```
<nav>
         <ul>
          <li><a href="index.html"> 首页 </a></li>
          <li><a href="about.html"> 关于本站 </a></li>
          <li><a href="contact.html"> 联系我们 </a></li>
         </ul>
</nav>
```

上述代码通过在 <nav> 标签内部使用无序列表标签 <ul> 来构建导航菜单。一个页面中允许包含多个 <nav> 标签作为页面整体或局部的导航。<nav> 标签一般有以下几种应用：

（1）头部横向导航：主流网站一般在头部都有一个横向的导航条，作用是在本站点内的一级页面间跳转。

（2）侧边纵向导航：一些电商网站、门户网站等都有侧边的纵向导航条，目的是将当前页面跳转到其他相关的页面或推荐的页面上。

（3）页内导航：在当前页面的组成部分之间进行页内跳转。

（4）翻页跳转：如果当前的页面内容不能在一个页面中展示，可能需要多页来承载，这时需要制作页面的跳转链接。

3. <footer> 标签

<footer> 标签用于定义整个页面或某块区域的底部，可以包含放置在页面底部的所有内容。在 HTML5 之前，通常使用 <div id="footer">…</div> 标签来定义页面底部，现在利用 <footer> 标签可以更容易地实现。和 <header> 标签一样，一个页面中可以含有多个 <footer> 标签。

4. <article> 标签

<article> 标签代表页面中一块相对独立的部分，该标签通常用来定义一篇新闻、一篇日志或用户的回复评论等。一个 <article> 标签通常有它自己的头部和底部，用法如下：

```
<article>
        <header>
             <h1>你好！中国</h1>
        </header>
             <section>
                  <p>人民有信仰，民族有希望，国家有力量。</p>
             </section>
        <footer>
             <p>希望科技有限公司 版权所有</p>
        </footer>
</article>
```

5. <section> 标签

<section> 标签表示一段专题性质的区块内容，通常会有标题，主要应用在文章的章节中。例如，新闻的详情页面有一篇内容区块，该区块有自己的标题和详细内容，因此可使用 <article> 标签进行标注。

当一个标签只是为了样式化使用时，应使用无语义的 <div> 标签。如果 <article> 标签、<aside> 标签或 <nav> 标签更符合语义条件，就不要使用 <section> 标签。

没有标题的内容区块尽量不使用 <section> 标签来定义。<article> 标签可以看作一种特殊的 <section> 标签，它比 <section> 标签更具有独立性，即 <section> 标签强调分块，而 <article> 标签强调独立性。如果一块内容比较独立，应使用 <article> 标签；但是如果想要将一块内容分成多段，应尽量使用 <section> 标签。

6. <aside> 标签

<aside> 标签用来定义当前页面的一些附属信息，一般放置在页面侧边，它可以包含相关的引用、广告、侧边栏等有别于主要内容的区块。<aside> 标签通常被包含在 <article> 标签内，作为主要内容的附属信息；或在 <article> 标签之外使用，作为页面的附属信息。<aside> 标签最常用的使用形式是侧边栏。

表 9-1-1 详细说明了上述 HTML5 结构标签的含义。

表 9-1-1　HTML5 结构标签的含义

标　签	含　义
<article>	定义一篇文章区块
<header>	定义一个页面或一块区域的头部
<nav>	定义导航链接区域
<section>	定义一个区域
<aside>	定义页面的侧边栏
<hgroup>	定义文件中一个区块的相关信息
<figure>	定义一组媒体内容及它们的标题
<figcaption>	定义 figure 元素的标题
<footer>	定义一个页面或一块区域的底部
<dialog>	标记定义一个对话框

相关知识点 2　单列布局

单列布局是网页布局中最基础、最简单的布局方式，其他页面布局方式都是基于单列布局演变而来的。图 9-1-4 展示的就是一个单列布局的页面结构示意图，可以看出，单列布局页面从上到下分别为头部、正文和页面底部，每个部分单独占一行，且宽度与版面宽度一致，其中头部又可细分为 Logo、导航条、搜索区等。对图 9-1-4 所示的页面进行区块划分，可以表示成图 9-1-5 所示的形式。

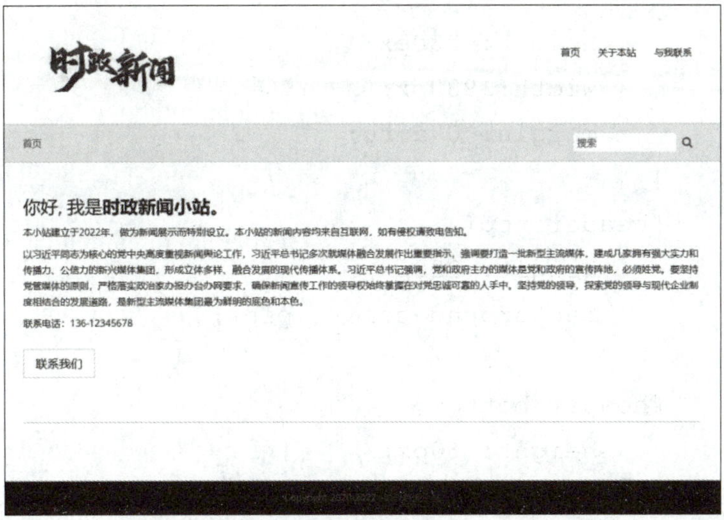

图 9-1-4　单列布局

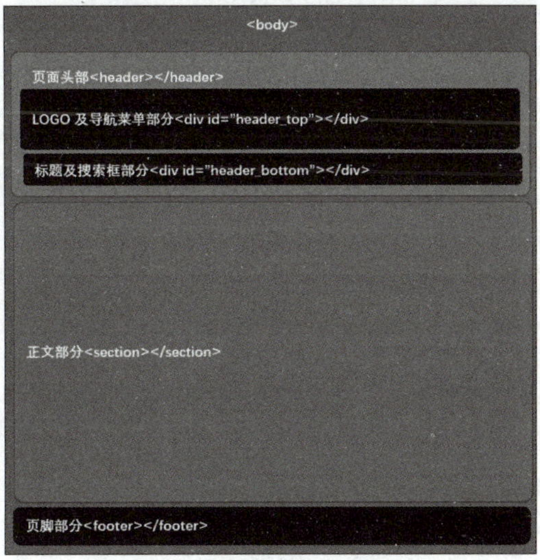

图 9-1-5　单列布局区块划分示意图

按照图 9-1-5 的区块划分，用相应的标签实现页面布局，其结构性代码如下：

```
<!DOCTYPE html>
<html lang="Zh-cn">
    <head>
        <meta charset="utf-8"/>
        <title>单列布局</title>
        <style type="text/css">
            header {
```

```
            height: 280px;
            width: 980px;
            margin: 0 auto;
        }
        #header_top{
            height: 220px;
            background-color: pink;
        }
        #header_bottom{
            height: 60px;
            background-color: blue;
            color: white;
        }
        section {
            width: 980px;
            height: 600px;
            background-color: cyan;
            margin: 0 auto;
        }
        footer {
            width: 980px;
            height: 60px;
            margin: 0 auto;
            background-color: dodgerblue;
            color: white;
        }
    </style>
</head>
<body>
    <header>
        <div id="header_top">
            <h1>LOGO 及导航菜单部分 </h1>
        </div>
        <div id="header_bottom">
            <h1> 首页及搜索部分 </h1>
```

```
            </div>
        </header>
        <section>
            <h1> 正文部分 </h1>
        </section>
        <footer>
            <h1> 页脚部分 </h1>
        </footer>
    </body>
</html>
```

上述 CSS 代码定义了“margin: 0 auto;”样式，该样式表示盒子在浏览器中水平居中，且上、下边距均为 0。通过“margin: 0 auto;”样式既可以使盒子水平居中，又可以灵活定义各个盒子在垂直方向上的间距。通常给标签定义 id 或 class 类名时，要尽量遵循一些常用的命名规则。上面的代码实现后的效果如图 9-1-6 所示。

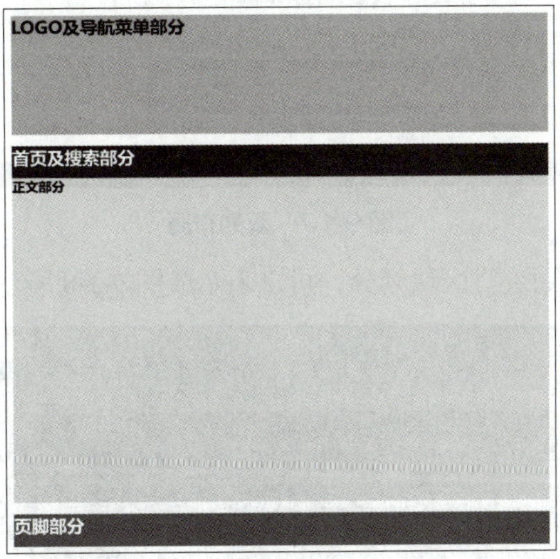

图 9-1-6 单列布局区块划分实现效果图

相关知识点 3 双列布局

单列布局虽然具有结构清晰简单的优点，但在实际中因为页面内容含量的问题，很少应用到单列布局，一般都是双列或三列布局。双列布局和单列布局大致相同，只是网页内容被分割成左右两部分，通过这样的处理，页面表达的内容会更加丰富。

如图 9-1-7 所示，正文内容被分成了左右两部分，实现这一效果的关键是在正文内容所在的大盒子中嵌套两个小盒子，然后对两个小盒子分别设置左右浮动（都是左浮动或右浮动也行）。

图 9-1-7　双列布局

对图 9-1-7 所示的页面进行区块划分，可以表示成图 9-1-8 所示的形式。

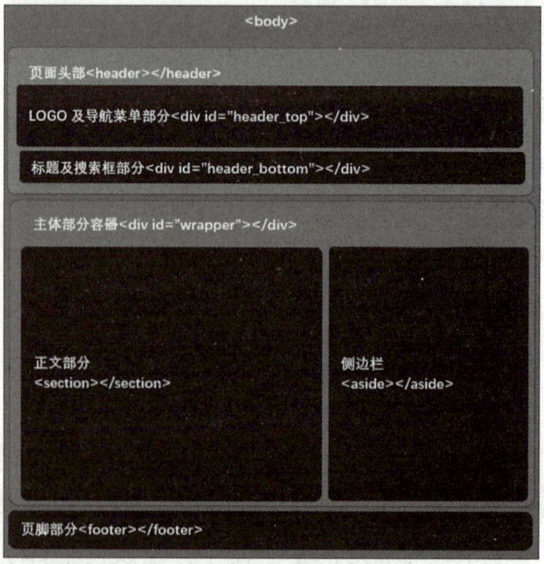

图 9-1-8　双列布局区块划分示意图

按照图 9-1-8 所示的区块划分，用相应的标签实现页面布局，其结构性代码如下：

```
<!DOCTYPE html>
<html lang="Zh-cn">
    <head>
        <meta charset="utf-8"/>
        <title>两列布局</title>
        <style type="text/css">
            header {
                height: 280px;
                width: 980px;
                margin: 0 auto;
            }
            #header_top {
                height: 220px;
                background-color: pink;
            }
            #header_bottom {
                height: 60px;
                background-color: blue;
                color: white;
            }
            #wrapper{
                width: 980px;
                height: 600px;
                background-color: cyan;
                margin: 0 auto;
            }
            section {
                width: 600px;
                height: 600px;
                background-color: seashell;
                color: black;
                float: left;
            }
            aside {
                width: 380px;
```

```
                height: 600px;
                background-color: lightpink;
                color: black;
                float: right;
            }
            footer {
                width: 980px;
                height: 60px;
                margin: 0 auto;
                background-color: dodgerblue;
                color: white;
            }
        </style>
    </head>
    <body>
        <header>
            <div id="header_top">
                <h1>LOGO 及导航菜单部分 </h1>
            </div>
            <div id="header_bottom">
                <h1>首页及搜索部分 </h1>
            </div>
        </header>
        <div id="wrapper">
            <section>
                <h1>正文主体部分 </h1>
            </section>
            <aside>
                <h1>侧边栏部分 </h1>
            </aside>
        </div>
        <footer>
            <h1>页脚部分 </h1>
        </footer>
    </body>
</html>
```

上述代码通过 <section> 标签和 <aside> 标签分别定义了左右两个小盒子，其实现左右布局的方法利用了浮动定位，当然，也可以使用其他一些定位方法。上述代码实现后的效果如图 9-1-9 所示。

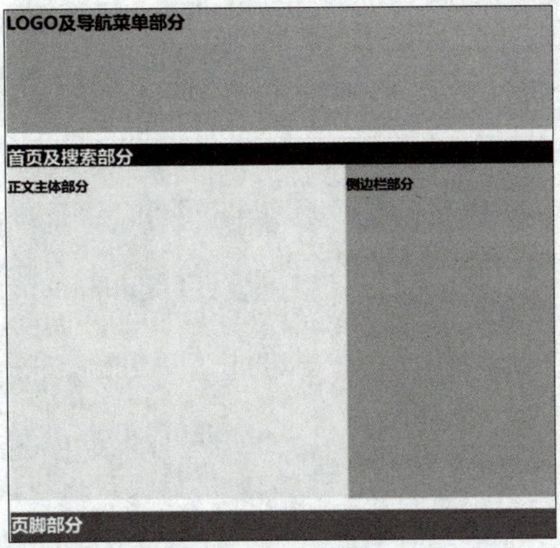

图 9-1-9　双列布局区块划分实现效果图

相关知识点 4　三列布局

对于一些内容较多的大型网站而言，单列和双列布局均不能满足需要，通常要采用三列布局形式。三列布局实质上是从双列布局演化而来的，将主体内容划分为左、中、右三部分。图 9-1-10 就是一个三列布局的网页，图 9-1-11 是进行区块划分的示意图。

图 9-1-10　三列布局

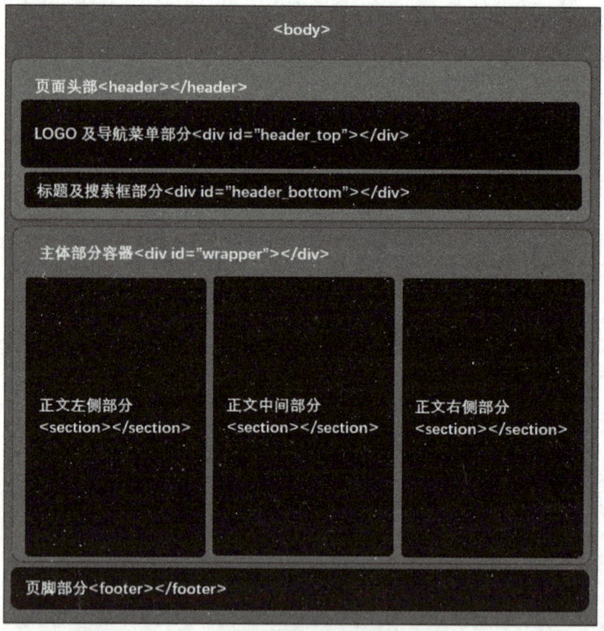

图 9-1-11　三列布局区块划分示意图

按照图 9-1-11 所示的区块划分，用相应的标签实现页面布局，其结构性代码如下：

```
<!DOCTYPE html>
<html lang="Zh-cn">
  <head>
      <meta charset="utf-8"/>
      <title> 三列布局 </title>
      <style type="text/css">
          header {
              height: 280px;
              width: 980px;
              margin: 0 auto;
          }
          #header_top{
              height: 220px;
              background-color: pink;
          }
          #header_bottom{
              height: 60px;
```

```
        background-color: blue;
        color: white;
    }
    #wrapper {
        width: 980px;
        height: 600px;
        background-color: cyan;
        margin: 0 auto;
    }
    #wrapper_left{
        width: 33%;
        height: 600px;
        background-color:bisque;
        color: black;
        float: left;
    }
    #wrapper_middle{
        width: 33%;
        height: 600px;
        background-color: lightblue;
        color: black;
        float: left;
    }
    #wrapper_right{
        width: 34%;
        height: 600px;
        background-color: cornsilk;
        color: black;
        float: right;
    }
    footer {
        width: 980px;
        height: 60px;
        margin: 0 auto;
```

```
                background-color: dodgerblue;
                color: white;
            }
        </style>
    </head>
    <body>
        <header>
            <div id="header_top">
                <h1>LOGO 及导航菜单部分 </h1>
            </div>
            <div id="header_bottom">
                <h1> 首页及搜索部分 </h1>
            </div>
        </header>
        <div id="wrapper">
            <section id="wrapper_left">
                <h1> 正文左侧部分 </h1>
            </section>
            <section id="wrapper_middle">
                <h1> 正文中间部分 </h1>
            </section>
            <section id="wrapper_right">
                <h1> 正文右侧部分 </h1>
            </section>
        </div>
        <footer>
            <h1> 页脚部分 </h1>
        </footer>
    </body>
</html>
```

上述代码使用较为经典的浮动定位的方法来实现三列布局，其实还可以使用绝对定位、圣杯布局、双飞翼布局等一些常用的手段来实现，限于篇幅这里不再详细介绍。上述代码实现的效果如图 9-1-12 所示。

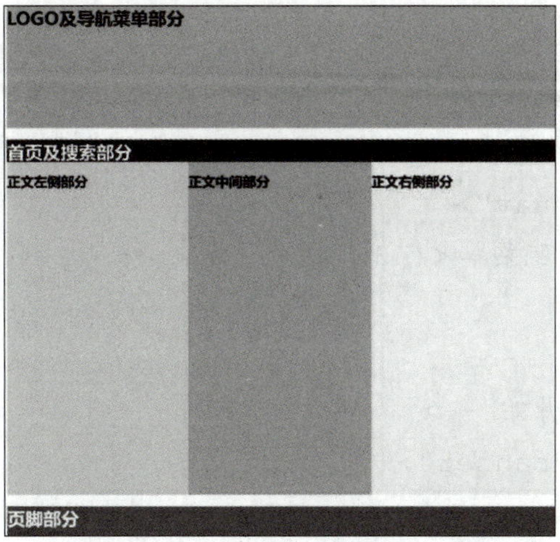

图 9-1-12 三列布局区块划分实现效果图

任务实施

视频
制作“龙江商城”页面布局 1

（1）HTML 文件参考代码：

```
<!DOCTYPE html>
 <html lang="Zh-cn">
  <head>
   <meta charset="utf-8"/>
   <title>龙江商城</title>
   <link rel="stylesheet" type="text/css" href="css/style.
css"/>
  </head>
  <body>
   <!-- 页面顶部开始 -->
   <header class="top">
        <div class="top_page">
             <h3>页面顶部</h3>
        </div>
   </header>
   <!-- 页面顶部结束 -->
   <!-- LOGO开始 -->
   <div class="logo">
        <h3>LOGO开始</h3>
```

```
</div>
<!-- LOGO 结束 -->
<!-- 导航开始 -->
<nav class="nav">
      <h3> 导航菜单 </h3>
</nav>
<!-- 导航结束 -->
<!-- banner 开始 -->
<div class="banner">
      <nav class="subnav fl">
            <h3>banner 部分导航菜单 </h3>
      </nav>
      <div class="ad fl">
            <h3>banner 图片 </h3>
      </div>
      <div class="message fr">
            <aside class="messages">
                  <h3>banner 部分侧边栏 </h3>
            </aside>
            <aside class="messages">
                  <h3>banner 部分侧边栏 </h3>
            </aside>
      </div>
</div>
<!-- banner 结束 -->
<!-- 热销商品部分开始 -->
<div class="fastselling">
      <h3> 热销商品部分 </h3>
</div>
<!-- 热销商品部分结束 -->
<!-- 详细内容部分开始 -->
<div class="wrapper">
      <section>
            <div class="section_top">
                  <div class="fl">
```

```
            <div class="buy fl">
                <h3> 商品图片和购买按钮 </h3>
            </div>
            <div class="details fl">
                <h3> 商品详细信息 </h3>
            </div>
        </div>
        <div class="fl">
            <div class="buy fl">
                <h3> 商品图片和购买按钮 </h3>
            </div>
            <div class="details fl">
                <h3> 商品详细信息 </h3>
            </div>
        </div>
    </div>
    <div class="section_bottom">
        <div class="fl">
            <div class="buy fl">
                <h3> 商品图片和购买按钮 </h3>
            </div>
            <div class="details fl">
                <h3> 商品详细信息 </h3>
            </div>
        </div>
        <div class="fl">
            <div class="buy fl">
                <h3> 商品图片和购买按钮 </h3>
            </div>
            <div class="details fl">
                <h3> 商品详细信息 </h3>
            </div>
        </div>
```

```
                </div>
            </section>
            <aside class="Market">
                <h3> 商城动态 </h3>
            </aside>
        </div>
        <!-- 详细内容部分结束 -->
        <!-- 页脚开始 -->
        <footer>
            <h3> 页脚部分 </h3>
        </footer>
        <!-- 页脚结束 -->
    </body>
</html>
```

（2）CSS 文件参考代码：

视频
制作“龙江商城”页面布局 2

```
@charset "utf-8";
*{
    margin: 0;
    padding: 0;
    list-style: none;
    font: 14px;
}
.fl {
    float: left;
}
.fr {
    float: right;
}
.top {
    background-color: #c3d5f3;
    height: 26px;
}
.top_page {
```

```
    width: 970px;
    height: 26px;
    margin: 0 auto;
}
.logo {
    width: 970px;
    height: 98px;
    margin: 2px auto;
    background-color: pink;
}
.nav {
    width: 970px;
    height: 30px;
    margin: 2px auto;
    background-color: goldenrod;
}
.banner {
    width: 970px;
    height: 210px;
    margin: 2px auto;
    margin-top: 10px;
}
.subnav {
    width: 200px;
    height: 210px;
    margin-right: 11px;
    background-color: hotpink;
}
.ad {
    width: 520px;
    height: 210px;
    background-color: aquamarine;
}
.message {
    width: 230px;
```

```
    height: 210px;
}
.messages {
    height: 95px;
    background-color: mediumpurple;
    margin-bottom: 21px;
}
.fastselling {
    margin: 4px auto;
    width: 970px;
    height: 34px;
    background-color: darkkhaki;
}
.wrapper {
    width: 970px;
    height: 345px;
    margin: 0 auto;
    margin-top: 12px;
    background-color: thistle;
}
section {
    float: left;
    width: 738px;
    height: 345px;
    background-color: slategrey;
}
.market {
    float: right;
    width: 220px;
    height: 345px;
    background-color: peru;
}
section .section_top {
    height: 155px;
    width: 712px;
    padding: 17px 0 0 26px;
}
```

```
.wrapper .buy {
    width: 99px;
    height: 143px;
    background-color: royalblue;
}
.wrapper .details {
    width: 250px;
    height: 143px;
    background-color: yellowgreen;
}
section .section_bottom {
    height: 155px;
    width: 712px;
    padding: 17px 0 0 26px;
}
footer{
    height: 91px;
    width: 970px;
    margin: 10px  auto;
    background-color: indianred;
}
```

（3）任务实现效果：任务实现效果图如图 9-1-13 所示。

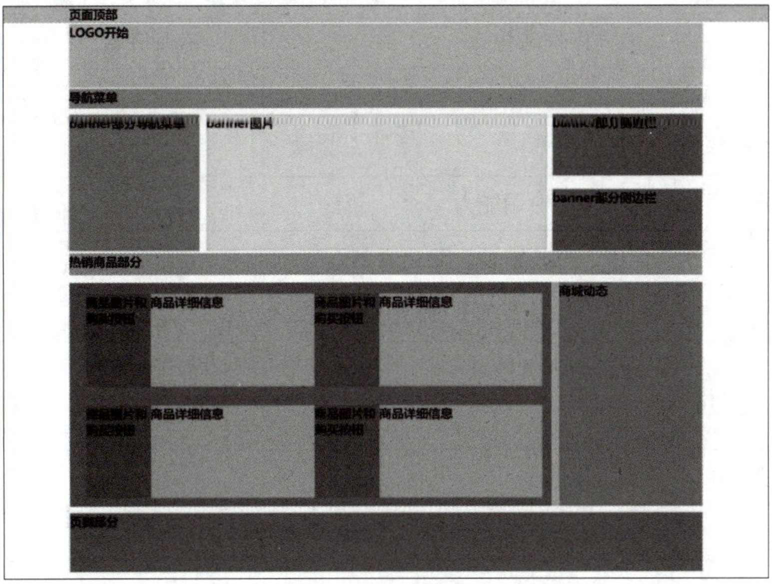

图 9-1-13　页面布局实现效果图

课外拓展

相关知识点　CSS 排版理念

在早期，设计网页采用表格布局方式，由于表格布局方式将内容和样式混在一起，非常不利于阅读和修改，而且由于嵌套表格的大量使用，网页结构混乱，经常出现问题。但是使用“DIV+CSS”布局就大不相同，首先在设计初期就从网页内容的逻辑关系出发，区分出内容的层次和重要性；然后根据得到的逻辑关系把网页的内容使用 <div> 标签标识出来，最后再考虑网页的样式与内容相匹配的问题。即使是非常复杂的网页，也都是像堆积木一样按模块逐步搭建起来的。

任务评价

课程名称：网页设计与制作		授课地点：		
学习任务 1：制作“龙江商城”布局页面（DIV+CSS3 布局）		授课教师：	授课学时：	
课程性质：理实一体课程		综合评分：		
知识掌握情况评分（10分）				
序号	知识考核点	教师评价	分数	得分
1	掌握“DIV+CSS3”布局的特点		5	
2	掌握单列布局、双列布局、三列布局的方法		5	
工作任务完成情况评分（60分）				
序号	能力操作考核点	教师评价	分数	得分
1	项目完成质量		30	
2	程序排错能力		10	
3	与组员的团队配合精神、协调能力		10	
4	精神面貌、专业自信、工匠精神、职业素养		10	
课堂表现情况评分（20分）				
序号	课堂表现考核点	教师评价	分数	得分
1	课堂考勤		10	
2	课堂过程表现		10	
任务总结反思（10分）				

学习任务 2

制作“杂志封面展示”页面（弹性盒子布局）

任务要求

编写一个“杂志封面展示”页面，使用弹性盒子布局方法并添加鼠标指针悬停过渡动画。

任务分析

（1）根据任务要求，先搜集好备用图片，放置在项目文件夹下的 img 子文件夹中。

（2）生成 HTML 基本结构代码，编写 <div> 弹性容器及 6 个 <div> 子项目的相关代码，放置 <img/> 标签，设置好 src 属性，链接到相应图片。

（3）在 CSS 文件中用“display: flex;”声明启用弹性盒子布局，设置方向和对齐。

（4）对项目进行 flex-grow 属性设置。

（5）设置 <div> 子项目的鼠标指针悬停图片宽度过渡效果。

（6）通过细节调整完成本次学习任务。

学习准备

相关知识点 1　弹性盒子布局的基础知识

传统布局的解决方案是基于盒模型，依赖“display 属性 +position 属性 +float 属性”来实现。对于一些比较特殊的布局，实现起来就显得烦琐复杂，如垂直居中实现起来就不容易。2009 年，W3C 提出了一种新的方案——弹性盒子布局（flexible box），它可以简便、完整、响应式地实现各种不同需求的网页布局，为盒状模型提供最大的灵活性。

采用弹性盒子布局的元素称为弹性容器，简称容器。它的所有子元素自动成为容器中的成员，称为弹性项目，简称项目。对于某个元素，如果声明了“display: flex;”，那么这个元素就成了弹性容器，具有弹性盒子布局的相关特性。

每个弹性容器有两根轴：主轴和交叉轴，两轴之间成 90° 垂直交叉关系。主轴的开始位置和结束位置分别位于两条对应的边框上。同理，交叉轴的开始位置和结束位置也位于两条对应边框上。值得注意的是，水平的主轴和垂直的交叉轴是默认的设置，可以通过修改使垂直方向变为主轴，使水平方向变为交叉轴。

每个弹性项目占据一定的主轴空间和交叉轴空间，弹性容器中的所有弹性项目永远沿主轴排列。

注意：不能简单认为宽度就是项目主轴空间，高度就是项目交叉轴空间，这取决于主轴的方向。如果垂直方向为主轴，那么项目的高度才是项目主轴空间，项目的宽度才是项目交叉轴空间。

弹性盒子布局的方式如图 9-2-1 所示。

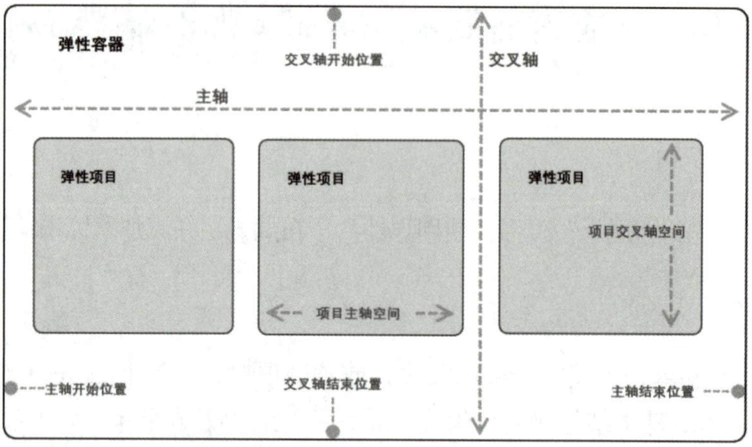

图 9-2-1　弹性盒子布局示意图

弹性项目还可以通过“display: flex;”设置为低一个级别的弹性容器，从而形成嵌套关系。因此，可以说一个元素既可以是弹性容器也可以是弹性项目。

弹性盒子布局是一维布局模型，一次只能处理一个维度上（或者是行，或者是列）的元素布局。弹性盒子布局大部分的属性都是作用于主轴的，在交叉轴上很多时候只能被动地变化，可以通过修改 flex-direction 的属性值来改变主轴的方向。如果主轴方向修改了，那么交叉轴也相应旋转 90°，弹性项目的排列方式也会发生改变。

相关知识点 2　容器属性

1. flex-direction 属性

flex-direction 属性决定主轴的方向，即弹性项目的排列方向，其属性值含义如表 9-2-1 所示，其具体用法如下：

```
  .wrapper{
      flex-direction: row | row-reverse | column | column-
reverse
  }
```

表 9-2-1　flex-direction 属性值含义

flex-direction属性值	含　义
row	默认值，主轴为水平方向，起点在左端
row-reverse	主轴为水平方向，起点在右端
column	主轴为垂直方向，起点在顶部
column-reverse	主轴为垂直方向，起点在底部

flex-direction 属性取值效果如图 9-2-2 所示。

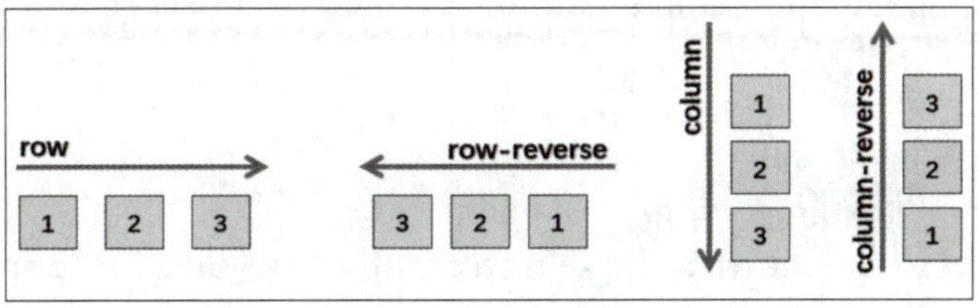

图 9-2-2　flex-direction 属性取值效果图

2. flex-wrap 属性

默认情况下，项目排在一条轴线上。flex-wrap 属性用来定义当一条轴线排不下时如何进行换行，其属性值含义如表 9-2-2 所示，其具体用法如下：

```
.wrapper{
    flex-wrap: nowrap | wrap | wrap-reverse;
}
```

表 9-2-2　flex-wrap 属性值含义

flex-wrap属性值	含　义
nowrap	默认值，不换行
wrap	换行，第一行在上方
wrap-reverse	换行，第一行在下方

flex-wrap 属性取值效果如图 9-2-3 所示。

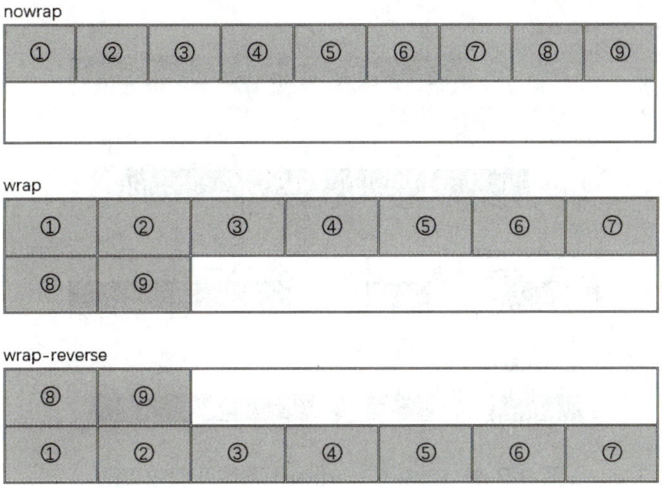

图 9-2-3　flex-wrap 属性取值效果图

3. flex-flow 属性

flex-flow 属性是 flex-direction 和 flex-wrap 的合并简写形式，默认值为 row nowrap。

4. justify-content 属性

justify-content 属性定义了项目在主轴上的对齐方式，其属性值含义如表 9-2-3 所示，其具体用法如下：

```
.wrapper{
        justify-content: flex-start | flex-end | center | space-between | space-around;
}
```

表 9-2-3　justify-content 属性值含义

justify-content属性值	含　义
flex-start	默认值，左对齐
flex-end	右对齐
center	居中
space-between	两端对齐，项目的间隔均相等
space-around	每个项目两侧的间隔相等，所以项目之间的间隔比项目与边框的间隔大一倍

justify-content 属性取值与轴的方向有关。假设主轴为从左到右，那么对齐方式的效果如图 9-2-4 所示。

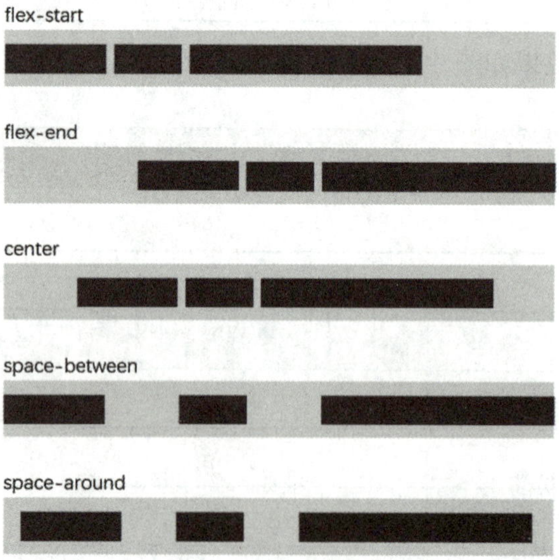

图 9-2-4　justify-content 属性取值效果图

5. align-items 属性

align-items 属性定义项目在交叉轴上的对齐方式，其属性值含义如表 9-2-4 所示，其具体用法如下：

```
.wrapper{
        align-items: flex-start | flex-end | center | baseline |
stretch;
  }
```

表 9-2-4 align-items 属性值含义

align-items属性值	含　义
flex-start	交叉轴的起点对齐
flex-end	交叉轴的终点对齐
center	交叉轴的中点对齐
baseline	项目的第一行文字的基线对齐
stretch	默认值，如项目未设置高度或设为 auto，将占满容器高度

align-items 属性取值与交叉轴的方向有关，假设交叉轴从上到下，那么对齐方式的效果如图 9-2-5 所示。

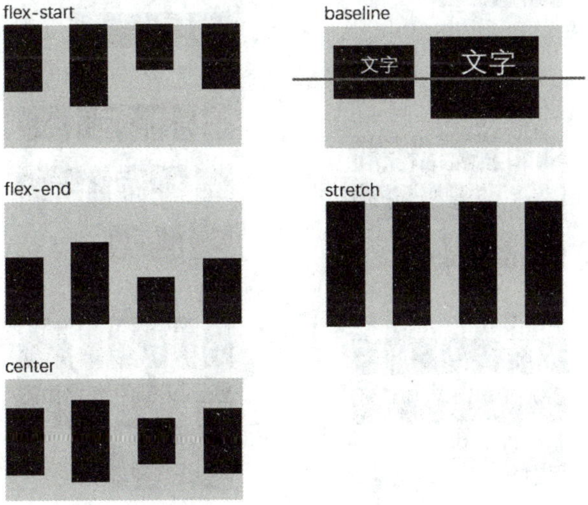

图 9-2-5　align-items 属性取值效果图

6. align-content 属性

align-content 属性定义了多根轴线的对齐方式。如果项目只有一根轴线，该属性不会起作用，其属性值含义如表 9-2-5 所示，其具体用法如下：

```
.wrapper{
        align-content: flex-start | flex-end | center | space-
between | space-around | stretch;
  }
```

表 9-2-5　align-content 属性值含义

align-content属性值	含　义
flex-start	与交叉轴的起点对齐
flex-end	与交叉轴的终点对齐
center	与交叉轴的中点对齐
space-between	与交叉轴两端对齐，轴线的间隔平均分布
space-around	每根轴线两侧的间隔都相等。所以，轴线之间的间隔比轴线与边框的间隔大一倍
stretch	默认值，轴线占满整个交叉轴

align-content 属性取值效果如图 9-2-6 所示。

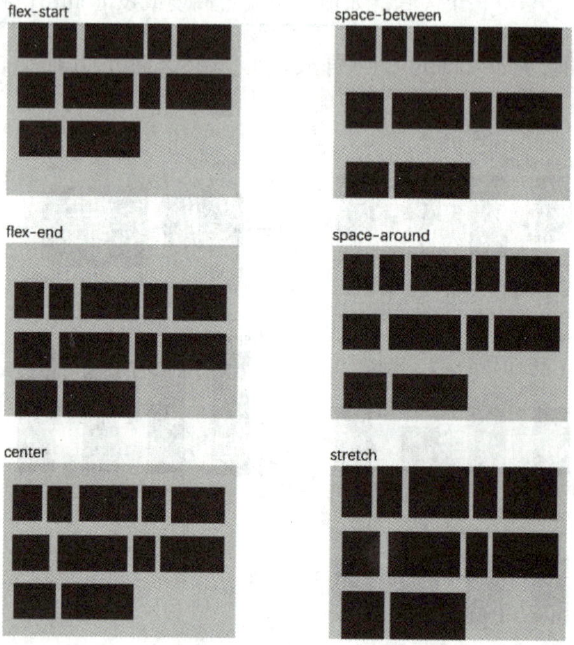

图 9-2-6　align-content 属性取值效果图

相关知识点 3　项目属性

1. order 属性

order 属性定义项目的排列顺序。数值越大，排列越靠后，其默认值为 0。order 属性具体用法如下：

```
.item {
        order: 0;
}
```

order 属性取值效果如图 9-2-7 所示。

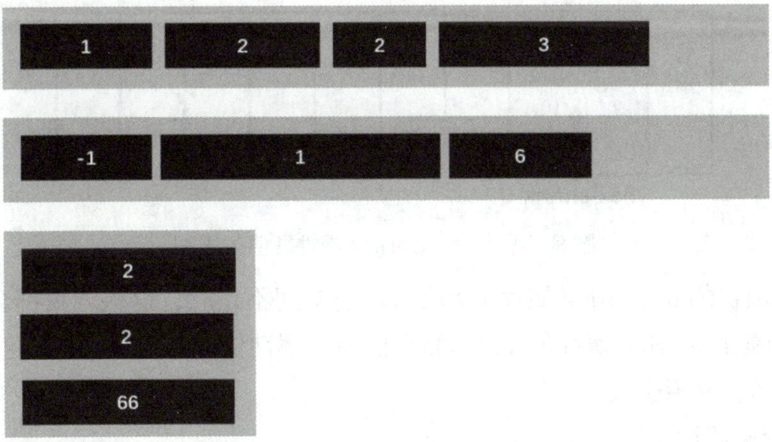

图 9-2-7　order 属性取值效果图

2. flex-grow 属性

flex-grow 属性定义项目的放大倍数，默认值为 0，即如果存在剩余空间，项目也不放大。flex-grow 属性具体用法如下：

```
.item {
        flex-grow: 0;
}
```

flex-grow 属性取值效果如图 9-2-8 所示。

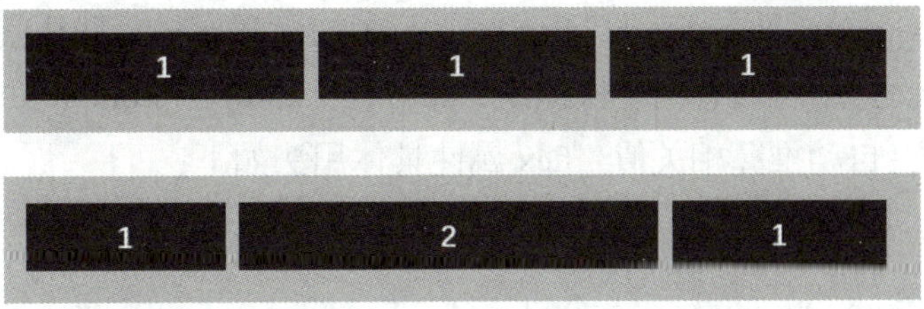

图 9-2-8　flex-grow 属性取值效果图

如果所有项目的 flex-grow 属性值都为 1，则它们将等分剩余空间。如果一个项目的 flex-grow 属性值是 2，而其他项目是 1，则这个项目占据的剩余空间是其他项目的两倍。

3. flex-shrink 属性

flex-shrink 属性定义了项目的缩小比例，默认值为 1，即如果空间不足，该项目将会缩小。flex-shrink 属性具体用法如下：

```
.item {
        flex-shrink: 1;
}
```

flex-shrink 属性取值效果如图 9-2-9 所示。

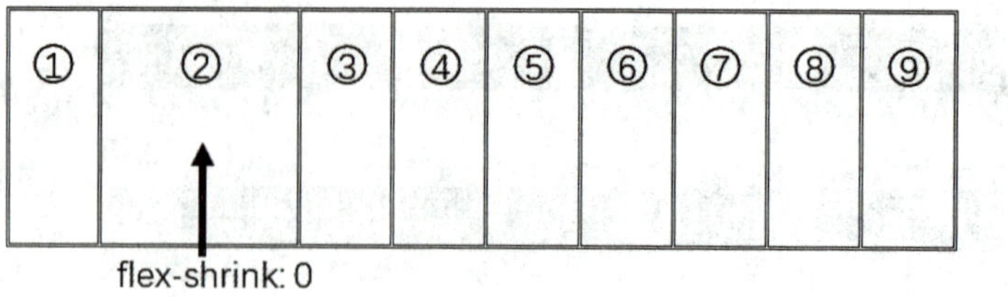

图 9-2-9 flex-shrink 属性取值效果图

如果所有项目的 flex-shrink 属性值都是 1，当空间不足时，这些项目都会等比例缩小。如果一个项目的 flex-shrink 属性值是 0，而其他项目属性值是 1，则空间不足时，前者并不缩小。负值对该属性不生效。

4. flex-basis 属性

flex-basis 属性定义了在分配多余空间之前项目占据的主轴空间（main size）。浏览器根据这个属性计算主轴是否有多余空间。它的默认值为 auto，即项目的本来大小。flex-basis 属性具体用法如下：

```
.item {
        flex-basis: auto;
}
```

flex-basis 属性可以设为固定值，如 flex-basis 400 px，则该项目会占据固定的空间大小。

5. flex 属性

flex 属性是 flex-grow、flex-shrink、flex-basis 三者的简写形式，默认值为（0 1 auto），后两个参数为可选项。这个属性有两个快捷值：auto (1 1 auto) 和 none (0 0 auto)。建议优先使用该属性，浏览器会自动推算相关值。flex 属性具体用法如下：

```
.item {
         flex: 0 1 auto;
}
```

6. align-self 属性

align-self 属性允许单个项目有不同于其他项目的对齐方式，可覆盖 align-items 属性。默认值是 auto，表示继承父元素的 align-items 属性，如果没有父元素，则等同于 stretch。align-self 属性具体用法如下：

```
.item {
        align-self: auto;
}
```

align-self 属性取值效果如图 9-2-10 所示。

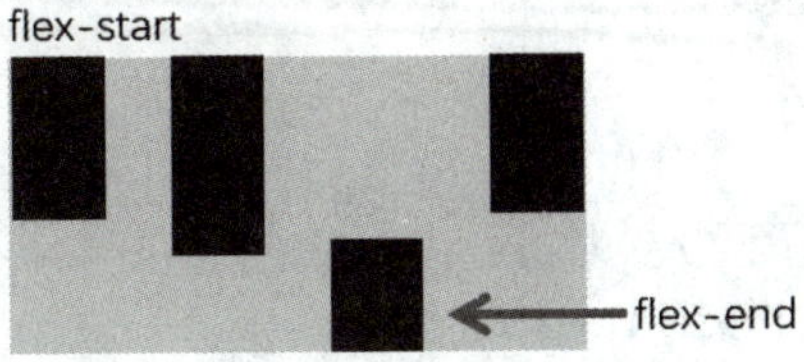

图 9-2-10　align-self 属性取值效果图

该属性可以有 6 个取值，除了 auto 外，其他取值含义与 align-items 属性相同。

任务实施

视频
制作"杂志封面展示"页面讲解

（1）HTML 文件参考代码：

```
<!DOCTYPE html>
<html lang="Zh-cn">
   <head>
        <meta charset="utf-8"/>
        <title>杂志封面展示</title>
        <link rel="stylesheet" type="text/css" href="css/
style.css"/>
   </head>
   <body>
        <div class="wrap">
             <div><img src="img/01.jpg" alt=" "></div>
             <div><img src="img/02.jpg" alt=" "></div>
             <div><img src="img/03.jpg" alt=" "></div>
             <div><img src="img/04.jpg" alt=" "></div>
             <div><img src="img/05.jpg" alt=" "></div>
             <div><img src="img/06.jpg" alt=" "></div>
        </div>
   </body>
</html>
```

（2）CSS 文件参考代码：

```
@charset "utf-8";
body {
   margin: 0;
   padding: 0;
```

```
}
.wrap {
    display: flex;
    flex-direction: row;
    justify-content: center;
    align-items: stretch;
    width: 100%;
}
.wrap>div {
    flex-grow: 1;
    width: 30px;
    transition: width 0.5s ease-in-out;
}
.wrap>div:hover {
    width: 600px;
}
.wrap>div>img {
    height: 100%;
}
```

（3）任务实现效果：任务实现效果图如图 9-2-11 和图 9-2-12 所示。

图 9-2-11 “杂志封面展示”页面实现效果图

图 9-2-12 “杂志封面展示”页面鼠标悬停效果

课外拓展

相关知识点 弹性盒子布局的优缺点

弹性盒子布局可以在不同设备上自适应布局，自动调整大小和位置；相对而言，可以使代码更加简洁，便于维护。缺点就是兼容性不够好，在低版本的浏览器上一般无法正常显示；弹性盒子需要掌握一些新的概念和属性，学习难度较大。综上所述，在使用时应根据实际情况选择合适的布局方式。

任务评价

课程名称：网页设计与制作			授课地点：	
学习任务 2：制作“杂志封面展示”页面（弹性盒子布局）		授课教师：	授课学时：	
课程性质：理实一体课程		综合评分：		
知识掌握情况评分（10分）				
序号	知识考核点	教师评价	分数	得分
1	了解弹性盒子布局的相关特性		5	
2	掌握弹性盒子布局的基本用法		5	

续表

工作任务完成情况评分（60分）				
序号	能力操作考核点	教师评价	分数	得分
1	项目完成质量		30	
2	程序排错能力		10	
3	与组员的团队配合精神、协调能力		10	
4	精神面貌、专业自信、工匠精神、职业素养		10	
课堂表现情况评分（20分）				
序号	课堂表现考核点	教师评价	分数	得分
1	课堂考勤		10	
2	课堂过程表现		10	
任务总结反思（10分）				

课后习题

1. 创建多个静态布局，每个静态布局对应一个屏幕分辨率范围，使用 @media 媒体查询技术。这种布局方法是__________。

2. 元素的宽、高用百分比做单位，元素宽、高按屏幕分辨率调整，布局不发生变化。屏幕尺度跨度过大的情况下，页面不能正常显示。这种布局方法是__________。

3. 大多数站点可以使用__________或__________元素来创建多列。__________用于对元素进行定位，或为页面创建背景及色彩丰富的外观。

参考文献

References

[1] 刘瑞新 . 网页设计与制作教程：Web 前端开发 [M]. 7 版 . 北京：机械工业出版社，2024.

[2] 黑马程序员 .HTML5+CSS3 网页设计与制作 [M]. 北京：人民邮电出版社，2020.

[3] 朱翠苗，郑广成 .HTML5+CSS3 网站设计基础 [M]. 大连：大连理工大学出版社，2019.

[4] 张晓蕾 . 网页设计与制作教程：HTML5+CSS3+JavaScript+jQuery[M]. 2 版 . 北京：电子工业出版社，2018.

[5] 汪婵婵，徐兴雷 .Web 前端开发任务驱动式教程：HTML5+CSS3+JavaScript[M]. 北京：电子工业出版社，2019.

[6] 顾理琴，常村红，刘万辉 .HTML5+CSS3 网页设计与制作基础教程 [M]. 北京：机械工业出版社，2018.

[7] 张润花，赵培植，王尚瀛 .HTML5+CSS3+JavaScript 网页设计教程：微课版 [M]. 北京：清华大学出版社，2021.

[8] 冯涛，王海波 . 网页设计与制作项目教程 [M]. 2 版 . 大连：大连理工大学出版社，2018.

[9] 黄源，杜柏村，罗少甫 .HTML5+CSS3 网页设计 [M]. 北京：机械工业出版社，2018.

[10] 古凌岚，袁宜英 .HTML5 应用开发案例教程：微课版 [M]. 北京：人民邮电出版社，2021.

[11] 华英，李金祥 . 网页设计与制作 (HTML5+CSS3+JavaScript) 基础教程 [M]. 北京：电子工业出版社，2020.

[12] 刘兵 . 轻松学 Web 前端开发入门与实战：HTML5+CSS3+JavaScript+Vue.js+jQuery：视频・彩色版 [M]. 北京：中国水利水电出版社，2020.

[13] 阮晓龙，耿方方，许成刚 .Web 前端开发 HTML5+CSS3+jQuery+AJAX 从学到用完美实践 [M]. 北京：中国水利水电出版社，2016.

[14] 工业和信息化部教育与考试中心 .Web 前端开发：中级 . 上册 [M]. 北京：电子工业出版社，2019.